《富比士》雜誌[illegible]有的人

一美元開始的修練

RANDOM REMINISCENCES OF MEN AND EVENTS

從不浪費任何一塊錢，到超過三千億美元的精采人生

約翰・戴維森・洛克斐勒 *John Davison Rockefeller* 著 吳慕書 譯

序言

或許當每個人走到人生的某個階段時，都會回憶起點點滴滴的往事，正是這些往事拼湊出個人的成就和幸福。我發現自己越來越像個喋喋不休的老人，要把活躍一生中所遇見的人、發生的事告訴大家。

在某種程度上來說，我往來的對象多是全美最有意思的一群人，尤其是商業界人士，正是他們大力協助建構美國的商業環境，並把美國商品遠銷全球。往後我所談到的種種往事，不僅在當下對我至關重要，至今仍然歷歷在目，銘記在心。

個人要對大眾保有多少隱私，或是自我保護以防止遭受攻擊，仍是懸而未決的問題。如果有人高談闊論過往經驗，自然而然就容易被冠以自大的稱號；如果一個人沉默不語，有時可能更容易引起他人推論你做錯了事，因為緘默便是你無法辯駁的證據。

我向來不習慣把個人事務公諸於世，但我已明白如果周遭的親朋好友希望我留下隻字片語，說明清楚某些引發討論的議題，我想我應該從善如流，並採用這種非正式的方式回顧生命中的有趣經歷。

我選在此刻出面發聲，還有另一個原因是：如果坊間傳言只有十分之一屬實，那些與我往來的人士肯定都蒙受不白之冤，這些人士既能幹又忠誠，其中有幾位已經與世長辭。我原本決定不置一詞，希冀等我離開人世後，事實將會逐漸撥雲見日，後代子孫終能做出公正裁決。不過，如今我尚有餘日，足以證明事實真相，似乎應該挺身而出，幫助人們採取某些我希望有所助益的觀點來看待尚待商榷的議題，我相信有許多人尚未充分了解全貌。

這些事都會影響逝者的聲譽及生者的生活，唯一的合理做法就是提供大眾第一手資料，讓他們得以抽絲剝繭做出最終判斷。

當我開始整理回憶錄時，腦海中並未浮現要集結出書的想法，甚至不曾準備將它當成一部非正式的自傳，所以也沒有費心思考前後順序和完整性的問題。

如果我能娓娓道來所有與親密無間的夥伴多年來朝夕相處的完整歷程，那一定充滿無比愉悅和滿足，但我明白雖然這些經歷永遠是我一生中的快樂時光，讀者肯定不會對長篇大論感興趣，因此我只會在回憶錄中提到少數與我一起積極共創商業利益的夥伴。

約翰・戴維森・洛克斐勒

一九〇九年三月

目錄

第一章

老朋友

由於這些前塵往事確實就是一些零散、非正式的紀錄，請原諒我可能會記下一些芝麻小事。

當我回顧這一生，腦海中浮現出最鮮明的畫面便是老同事。我在本章談論這些朋友，並不是說其他並未提及的人就對我不重要，我只是想在稍後的章節中再回頭談談這些早期的朋友。

每個人都可能會忘記與某個老朋友初次結識的情景，或是當時對他的第一印象，但是我永遠記得第一次見到現任標準石油公司（Standard Oil Company）副總裁約翰．艾奇柏德（John D. Archbold）的情形。

當時大概距今三十五年或四十年了，我正走訪全美各處有新鮮事發生的地方，並與生產商、煉油商、代理商交流，廣結人脈。

某天在某處油田附近正舉辦一場聚會，當我抵達飯店時，裡面早已擠滿石油業界的人士。我看到簽到簿上寫著一個大大的名字：

約翰．艾奇柏德，一桶四美元（譯注：約當現今七十美元。以下內文的美元金額皆會加註換算成今日相對應的美元金額，以利讀者了解。唯囿於書中提及某些年代並不明確，此時僅依一九〇九年幣值進行換算。）

他是個年輕又熱心的傢伙，滿腦子都在想推銷產品，所以在簽到簿上簽名後面還加上「一桶四美元」的標語，這樣一來就沒有人會曲解他對石油業的信念。一桶四美元的口號創造出的效果更為驚人，因為當時原油的銷售價格遠比這個金額來得低，所以他打出更高價的這一招確實引發注意，因為這個價格實在令人難以置信。只不過艾奇柏德先生最終也不得不承認，原油並不值「一桶四美元」，但是他的滿腔熱血、幹勁及無與倫比的影響力卻始終如一。

他常常保持幽默天性，在一次出庭作證的嚴肅場合上，對方律師問他：

「艾奇柏德先生，你是這家公司的董事嗎？」

「是的。」

「你在這家公司擔任什麼職務？」

他馬上回答：「爭取更多的分紅。」而這個答案將那位博學多聞的律師導引到另一個問題。

他完成艱難任務的卓越能力總是讓我驚嘆連連。如今我不常有機會見到他，因為他得日理萬機，而我卻遠離原本活躍的商場，過著有如農夫般的生活，打打高爾夫球、種種樹。儘管如此，我還是十分忙碌，老是覺得時間不夠用。

談到艾奇柏德先生，我得再次強調，我在標準石油公司任職期間獲贈的美譽已經多到讓我愧不敢當。我非常幸運能集結這麼多效率超群的同僚齊心協力地發展這家公司。他們才是完成許多困難任務的推手，而如今也都成為公司內部掌握大權的要角。

我與大多數的同事已結識多年，以至於到了這把年紀，幾乎不到一個月（有時我覺得甚至不到一星期）就得寄發弔唁信函給往來密切的家庭，安慰新近喪親的遺族。最近我算算已故的早期同事，還沒數完就已經有六十多位了。他們都是忠誠可靠、真心誠意的朋友，我們共同努力克服挑戰，也一起共度許多難關；我們曾討論、爭執、努力鑽研許多問題，直到最終達成共識。對我來說，彼此之間開誠布公、光明磊落，一直讓我感到相當欣慰。少了這些，商業夥伴根本不可能在事業上創造出最佳成就。

要讓這些意志堅定、強而有力的人達成共識並非易事，我們的方針就是耐心傾聽，並且坦誠討論，直到做出結論、決定行動進程前，會先把所有枝微末節的證據都放在檯面上討論。我曾和許多夥伴共事，其中保守派占了絕大多數。在大企業裡總會有一股向外擴張的氣勢，而這種組合無疑是好事。擁有成功經驗的人士通常相對保守，因為一旦一敗塗地就會失去許多原本擁有的一切。所幸公司裡也有不少積極進取、更勇於冒險的同僚，他們通常是內部最年輕的新生代，可能人數不多，但卻衝勁十足、極具說服力。他們期盼能有所作為、迅速付諸行動，就算再多工作與責任都不以為意。我該稱呼這些人是激進派，還是冒險分子呢？總之，我特別記得有一次他們與保守派擦出火花的經驗。無論如何，在這次事件中我是他們的忠實代表。

爭論與資本

我有一位很早就建立宏大事業的夥伴，當時他大力反對我們多數人支持的企業改進計畫。根據估計，拓展作業的計畫可能所費不貲，我想大約是三百萬美元（約當現今七千二百萬美元）。我們一再反覆研究，還找來其他幾位同事討論利弊，並且輪番提出我們找得到的種種論述，證明為什麼這項計畫不但有利，更有助於我們坐穩龍頭寶座。但是這位老夥伴卻異常固執，打定主意不肯讓步，我甚至可以看到他的雙手插在口袋裡，下巴抬得高高的，一臉蓄勢待發的抗議神情，然後高喊：「門兒都沒有。」

一個人用爭吵的方式捍衛立場，而不是多方考量尋找證據來支撐他的觀點，不禁令人感到遺憾。他已經失去冷靜的判斷，緊閉雙耳，無法聽進任何建言，唯有固執依然。誠如之前所言，眼前這些企業改進計畫勢在必行，這件事至關緊要，但是我們又不能和老夥伴撕破臉，所以我們之中有一小部分的同事堅決要全力說服他，於是我們決定採用另外一種方式。我們對他說：

「你說我們不必花這些錢？」

「對，」他回答：「投資這麼一大筆錢，卻可能要等到多年後才能證明是否值得，現在看不到興建這些設施的必要性，而且工作也進行得很順暢，我們只要保持現狀就夠了。」

我們都承認這位夥伴是一位見識過人、經驗豐富的行家，資歷比我們這一行的任何熟手都還要老練。但是我已經說過了，我們既然已經打定主意，如果能夠取得他的同意就會堅守到最後一刻。激烈的爭論稍微平息，討論的火爆程度也冷卻時，我們又把話題重新搬上檯面。我已經想好說服他的新招數。我說：

「由我來承擔，全部的資金都算在我的頭上。如果事後證明這筆花費的確有利可圖，公司就把資金還給我；如果一去無回的話，就由我來負擔損失。」

這番保證打動他了，先前的堅持己見也隨之軟化。稍後整件事就搞定了，他鬆口道：

「既然你這麼胸有成竹，我們就一起蹚這趟渾水吧！我想如果你可以承擔這個風險，我沒有什麼不可以的。」

我設想所有企業經營永遠都會面臨一個問題，就是要明智掌控發展速度。在那個時期，公司進展神速，在各地大興土木，也在各方面擴張業務；我們動不動就會遇到各種新的突發狀況；發現新油田後，就得夜以繼日趕工生產儲油罐；舊油田日漸枯竭，也會出現新狀況。於是，我們經常面臨雙重壓力，一方面是舊油田停產後，就會失去原本建置好的整套設施；另一方面，還得在全無準備的新油田附近趕建工廠，好用來儲存與運輸石油。石油業之所以會被歸類為高風險，這就是原因之一。好在我們有一支英勇果敢的團隊，大家都體認到一項重要原則：如果企業不能全面有效地承擔並善用機會，就無法取得重大成功。

我們討論這些問題的次數相當頻繁！有些人想要馬上就砸下重金，而有些人卻希望能穩健前進，這通常是一個妥協的過程，但是每次我們都會提出來徹底討論並解決。所以，結果絕對不如急功近利的激進派所樂見，但是也不像小心翼翼的保守派所盼望，只不過雙方最終都能就所討論的問題達成共識。

成功的喜悅

在我最早的那一批夥伴中，亨利·佛雷格（Henry M. Flagler）先生一直是鼓舞我進步的榜樣。他總是衝勁十足，並且完成各式各樣的重大專案；他總是積極樂觀地處理每一項問題，所以公司早期能快速發展，他驚人的幹勁可說是居功厥偉。

世人多半認為，像他這種曾經闖出一番大事業的人，時間一到就會退休，舒適地安享晚年。不過，這一套模式並無法套用在這位老友的身上。他一個人承攬興建佛羅里達州東岸鐵路的任務。這是一條六百多公里的鐵道，起點在聖奧古斯汀（St. Augustine），終點是在西嶼（Key West）。對任何人來說，要打造一條這麼長的鐵路都是一項重大工程。但是他並不滿足於此，額外又興建連鎖豪華飯店，吸引遊客造訪這個新開發的地區。更重要的是，他發揮純熟的技巧付諸實踐，造就空前的成功。

這個人憑藉著自己的幹勁和資金，為這個國家開發一大片地域，使得原地居民與新移民都能聚集在市場裡交易；他創造出成千上萬個職缺，但最重要的是他承擔並幾乎完成一項超凡卓越的重大工程——打造一條始自佛羅里達列嶼（Florida Keys），穿越大西洋，終至西嶼的鐵道，而他對這項事業早已擘劃多年。

實際上，上述成就都是在世人所認定的事業圓滿成功後才完成的，換成任何人處於他當時的位置，可能早就退休，安享早年辛勞的成果。

我剛認識佛雷格先生時，他還是一個年輕小夥子，在為克拉克與洛克斐勒公司（Clark & Rockefeller）代銷產品。他是一個聰明伶俐、積極勤奮的年輕人，活力充沛又衝勁十足。在我們進入石油業之際，佛雷格先生就已經是一名代銷商，與克拉克（M. B. Clark）先生在同一棟大樓裡工作。後者當時已經接掌克拉克與洛克斐勒公司，而且做得有聲有色，沒過多久佛雷格先生就買下克拉克先生的股份，順便合併兩家公司。

自然而然地，我見到他的機會變多了，原本委託他經手代銷我們舊公司產品的業務關係也漸漸發展為商業情誼，因為生活在克里夫蘭這種小地方的人比生活在紐約這種大城市的人更容易有機會彼此接觸。隨著石油業務持續茁壯，我們需要更多援助，我立刻想到佛雷格先生可能是一個合適的人選，於是向他提議放棄代銷生意，轉而加入我們這一行。他接受邀請，我們之間這段終身的友誼也於焉展開，而且從未中斷。佛雷格先生總是說，這份奠基於商業合作的友誼遠遠勝過奠基於友誼的商業合作。我自身的經驗也讓我體認到他所言極是。

這位早期的老夥伴和我並肩作戰很多年，我們的辦公桌還安排在同一間辦公室裡；我們都住在歐幾里得大道（Euclid Avenue），相隔僅幾公尺之遠；我們每天一起步行上班、一起回家吃午餐，飯後又一起走回辦公室，傍晚再度一起回家。這些步行時間讓我們遠離辦公室的紛擾，我們會花時間思考、交談並計畫。佛雷格先生為我們擬定所有的合約，因為他在這方面極具天分，總能清晰準確地表達合約的目的與意圖，避免產生誤解，而且簽約的雙方也都能獲得公平待遇。我還記得他常掛在嘴上的一句話是：當你在簽合約時，必須設身處地採用同一標準衡量雙方的權益。這就是佛雷格先生待人處世的方針。

有一份合約特別讓我感到驚訝，因為當時佛雷格先生連出言詢問都沒有，就毫不猶豫地簽署了。那一次我們決議買下一塊地皮用來興建煉油廠。地主是我們都結識多年的約翰．厄文（John Irwin）。厄文先生在我們辦公室裡隨手拿起一張牛皮紙的大信封，翻到背面就起草一份土地買賣合約，載明的條款與這類合約所列無異，只不過有一句「往南邊界止於毛蕊花花莖處」之類的話。我覺得這句話的定義有點模糊，但佛雷格先生卻說：

「沒問題，厄文，我同意這份合約。不過，你會發現把毛蕊花花莖處替換成合適的標樁處，整份文件將會顯得更精確而完整。」當然，最後確實如他所言。我忍不住想說：有些律師可以拜佛雷格先生為師，學習起草合約，這對他們必定多所助益。不過，或許法律界的朋友會認為我有失公允，所以我也不會強行主張這個觀點。

在佛雷格先生的諸多事蹟中，有另外一件事我也給予高度讚揚。他從公司發展初期就堅持煉油廠的規格不能依循當時陋規隨便粗製濫造，這是因為當年每個人都擔心石油終有一天會枯竭，那些花在興建設備的資金就會跟著泡湯，所以都採用最低劣且廉價的材料來興建煉油廠，而這就是佛雷格先生所反對的。雖然他不得不承認油源可能會枯竭，而且石油業的風險極高，但是他卻始終堅信，我們既然已經進入這一行，就應該腳踏實地、老老實實地善盡本分；也就是說，我們應該打造出最優良的設施，每樣工具都應該堅實牢固，而且在產出最佳成果前不應該遺漏任何細節。他堅守建造高標準煉油廠的信念之強，就好像這個產業永遠不會沒落似的，而他挺身捍衛信念的勇氣也為公司往後發展奠定紮實的基礎。

如今，許多在世的同行每每回憶起當年這位聰明伶俐、直言不諱的年輕佛雷格時，無不嘖嘖稱讚，尤其是我們還在克里夫蘭收購某些煉油廠時，他格外積極活躍。有天他在街上遇到一名曾為麵包師傅的德國老友，對方說自己已經離開西點業，蓋了一間小型煉油廠。佛雷格先生頓時嚇了一跳，他不認為友人把資產投入小工廠是一個好主意，因為他覺得最終並不會成功，但是第一時間他也似乎無計可施。這件事在他心上盤旋好一陣子，顯然讓他困擾不已。最後他跑來找我說：

「那個麵包師傅對烘培麵包十分嫻熟，對煉油卻一竅不通，但是我覺得如果邀請他加入我們可能會好一點，否則我會覺得良心不安。」

我當然一口答應。佛雷格先生便轉告友人，對方回覆：如果我們派人去評估他的工廠價值，他就願意出售煉油廠。我們照辦了，只不過意想不到的難題卻在這時候冒了出來。麵包師傅很滿意我們的出價，但是堅持要求佛雷格先生提供建議，究竟是收取現金比較妥當，還是換取同等面值的標準石油公司股票會更好。麵包師傅告訴佛雷格先生，如果收現的話，他馬上就可以還清所有的債務，而他也樂於擺脫一切煩惱；但是如果佛雷格先生建議換取股票將會獲得可觀分紅的話，他也會從善如流地獲取長期收益。對佛雷格先生而言，這個要求令他左右為難，起初他婉拒提供建言或表示任何個人意見，但是卻無法擺脫這名德國朋友，儘管做決定本來就不是佛雷格先生的責任，但對方就是要他給一個說法。最後，佛雷格先生建議對方一半收現，好用來清償債務；另一半則是換取公司股票，看看後市如何。這位仁兄依言照辦，而且往後還買了越來越多的股票，倒是讓佛雷格先生永遠不用為自己的建議道歉。我相信這位老夥伴耗費在這件事的時間與精力，絕對不亞於處理自己的任何一件大事，這件事完全可以當作評價一個人待人處世的標準。

友誼的價值

雖然年輕人可能對老一輩的人生經歷不感興趣，但是這些故事卻並非全然無用。儘管內容有些乏味，卻可以讓年輕人體認到，在生命的每個階段中，朋友的價值都遠遠超越其他財富，從不例外。

朋友百百種，各有各不同！但是儘管親疏程度不一，所有朋友都應該保持聯繫，因為不管什麼類型的朋友都很重要，當一個人的年華日漸老去時就會更深切地體認到這一點。有一種朋友，無論你何時需要幫助，他們總是找得出好理由拒絕。

「我不能替你的支票背書，」對方表示：「因為我和合夥人之間有過不能這麼做的協議。」

「我很願意幫你，但是這個時候實在不太方便。」等等理由。

我並不想批評這一類的情誼，因為有時純粹是個性使然，但有時候朋友的確是力不從心。當我回顧身邊的友人，印象中這類朋友很少，絕大多數都很願意為朋友付出。我有一位非常特別的朋友哈克尼斯（S. V. Harkness），從第一次見面開始，他就對我報以全心全意的信任。

某天，一場大火在幾小時內就讓我們的石油倉庫和煉油廠全部付之一炬，一切化為烏有。當然，這些設施已投保幾十萬美元的產險，但我們還是很擔心，因為要索賠這麼一大筆錢可能會耗費很多時間。工廠必須趕快重建，亟需及早擬定財務計畫。哈克尼斯先生對我們的業務很感興趣，所以我就對他說：

「我可能會登門拜訪向你商借週轉金。我不知道最後是不是派得上用場，但是我覺得應該先跟你打聲招呼。」

他全盤接受整個情況，並沒有要求我進一步解釋。他一向沉默寡言，只是靜靜傾聽我的訴說。

他只回答道：「沒問題，洛克斐勒，我會盡我所能地幫你。」當晚我回家時立刻焦慮全消。結果，我們在建商要求付款前就獲得利物浦、倫敦與環球保險公司（Liverpool, London & Globe Insurance Company）的全額理賠。儘管我們不需要向哈克尼斯先生借錢，但是他雪中送炭的慷慨精神卻令我永誌難忘。

我很慶幸地說，這類緊急狀況不少，但是總有濟困扶危的朋友出手相助。創業初期，因為業務拓展迅速，我借了不少錢，但是銀行似乎都很樂意提供貸款。那一場大火帶給我們一些新問題，於是我深入研究整家公司，搞清楚我們的現金需求。我們總是準備足夠的現金，以便因應隨時可能爆發亟需資金的突發情況。

在這段日子裡又發生了另一個事件，再度展現出患難見真情的珍貴友誼，不過直到事發多年後我才聽說這整件事的經過。

我們曾與一家銀行頻繁往來，我的一位富豪朋友史提曼・韋特（Stillman Witt）先生正好是這家銀行的董事之一。在一場會議中，有人提問：如果我們還想要借更多錢，銀行會如何處理？韋特先生為了不讓在座其他人質疑他的立場，就派人把他的保險箱帶進會議室，然後他說：

「各位先進，這些年輕人都是可造之材，如果他們想要借更多的錢，我希望看見這家銀行能毫不猶豫就同意放款；如果你們希望拿回更多的擔保，現在都在這裡，請拿走你們想要的資產。」

當時我們想要節省運費，經常走水路，經由湖泊與運河運輸石油。這種做法就需要額外的資金，所以我們得大肆舉債。我們已經從另外一家銀行爭取到大量融資，但是銀行總裁告訴我，董事會已經頻頻過問我們的大筆借款與信用紀錄，還說有意與我相約就此事當面洽談。我回答對方，我很榮幸能與董事會見面，因為往後還需要向銀行申請更多的貸款。結果不用多說，我們確實取得所有申貸的款項，而且也沒有人找我去會見董事當面解釋。

恐怕我已經聊了太多銀行、金錢及生意經。我知道，一個人若是每天醒來就耗費所有時間，只是為了賺錢而賺錢，天底下沒有什麼比這件事更令人鄙視與悲哀了。如果我再年輕個四十歲，應該還是會再度投身商場，因為和詼諧風趣、心思敏捷的人打交道是一大樂事。不過，我每天都有各種興趣可以打發時間，而且只要我一息尚存，就會期待用餘生繼續發展鼓舞人心的計畫。

從我十六歲進入商場，直到五十五歲退休為止，在這麼長的一段時間裡，我得坦承自己經常挪出時間享受愉快的假期，因為我有最高效率的同僚樂於幫我分擔重責大任，他們都是足以勝任的卓越人才。

我覺得自己非常注重細節工作。我的職涯始於簿計員，從中學會極度重視數字與事實，不管它們是多麼枝微末節的小事。早年不管計畫的內容是什麼，只要是任何與會計相關的工作，通常就會落到我的頭上。我有一股追求細節的熱情，這正是在往後日子裡我必須強迫自己改變的性格特點。

我在紐約的波坎帝克山莊（Pocantico Hills）擁有一棟舊屋，長居多年。這裡有美麗的景色，讓人悠然自得，因此我們可以過著簡單而平靜的生活。我在此研究優美景緻、樹林及哈德遜河引人入勝的美景，消磨許多快樂時光，但是這些經歷都發生在我理當刻不容緩地投身商業界之際，因此我很擔憂，一旦開始心有旁騖，就再也沒有人會稱呼我為勤勉的商人了。

「勤勉的商人」一詞讓我想起克里夫蘭的一位老友，他才是真正全心投入工作的人。我曾和他聊起個人的特殊嗜好，有些人會稱為自然造園法，我自己則視為一種布置林間小路的藝術，而他無疑覺得無聊透頂。三十五年前，這位老友就直白地否定，商人竟然會把時間浪費在這種事物上，他認為相當愚蠢。

某個美好的春日，我建議他光臨寒舍共度下午時光（在當時，這對商人而言是一項極不尋常而魯莽的提議），同時欣賞一下我在規劃並親自完成的優美林間小路。我甚至還興沖沖地說會熱情款待他。

「洛克斐勒，我實在是分身乏術。」他說：「今天下午我手上有一件重要的公事必須處理。」

「可能真的是這樣，」我慫恿他道：「但是如果你看到那些林間小路的話，一定會感到無比快樂，種在兩旁的大樹和……」

「洛克斐勒，你大可繼續聊你的大樹與小路，但是我告訴你今天下午有一艘礦砂船要入港，我的工廠正等著它呢！」他心滿意足地搓著雙手說：「我寧可錯過欣賞基督教國家裡所有的林間小路，也不想錯過看到它進港。」當時他為貝斯莫（Bessemer）鋼軌公司提供礦砂，每噸售價為一百二十美元至一百三十美元（約當現今二千一百美元至二千二百七十五美元）。只要工廠停工一分鐘等待礦砂，他便覺得會就此錯過一生的機遇。

正因為這個人經常神色緊繃地遙望湖面，希望看到礦砂船的影子，所以有天他的一位朋友忍不住問他是否真的看得到船隻的身影。

「當然看不到，」他不甘不願地承認道：「但它總是在我眼前。」

礦砂業是克里夫蘭最具誘惑力的大產業。五十年前，我的老東家從馬凱特（Marquette）區以每噸四美元（約當現今九十六美元）買進礦砂；而想想數年後這位林間小路鋪建者正以每噸八十美分（約當現今十九美元）的價格大量購進礦砂，從此致富。

說到這裡，全都是我在礦砂業的經歷，不過我還是稍後再回頭訴說這一段吧！現在我想要聊聊所謂的自然造園法，這是我投注大量時間潛心研究三十多年的嗜好。

景觀道路規劃的樂趣

當我宣稱自己是一個小有成就的業餘造園建築師時嚇到一票人，包括一些老友在內，而我的家人都知道為了防止我大肆破壞，還特別聘請一位景觀技師坐鎮。這次的問題是：應該在波坎帝克山莊的哪一個方位建造新房舍？我自認可以利用熟悉每一寸土地、所有大樹都是我的朋友，以及對每個角度的景觀都一清二楚的優勢，所以當這位優秀的景觀技師設計並畫出草圖後，我就詢問他，我是否也可以嘗試這項工作？

幾天後我也完成自己的規劃，設計得讓道路的角度正好可以把最美的景色一覽無遺，開車一路往上就會親眼目睹令人印象深刻的景觀，盡頭有河流、山丘、浮雲及鄉村遼闊的視野。我設計好道路行經的路線，並將標樁設置在建立屋舍的最佳地點。

「仔細完整看一遍，」我說：「然後再判斷哪一個規劃最好。」這位權威人士最終接受我的建議，認為我的規劃可以展現最美麗的景緻，他也同意房舍的選址，直到此時我的自豪溢於言表。公忙之餘，我不清楚自己到底設計多少條景觀道路，倒是有一點可以肯定，我經常為此弄到三更半夜，筋疲力盡。我在設計路線時經常全面考察路況，直到天色昏暗，看不清標樁和標旗才回頭。我與各位談論景觀規劃可能顯得有些虛榮愛現，不過或許因此可以抵銷一些在我的故事提及太多的生意經。

我做生意的方式有別於當代一些最經營有方的商人，也因此讓我得以享有更多的自由。即使標準石油公司的主要業務轉移到紐約後，夏天時我多半還是會待在克里夫蘭的家中，至今依然。若有必要場合非出席不可，我才會去一趟紐約，否則大部分時間都是藉由收發電報處理公司事務，保留自由時間致力發展個人感興趣的事務，包括規劃景觀小路、種樹、培植樹苗。

在我手邊所經營的獲利事項中，有些發展得特別迅速，其中我認為產生最大收益的就是苗圃。我們習慣留存每個苗圃的帳本，不久前我詫異地發現，從紐約州韋斯切斯特郡（Westchester County）移植到紐澤西州雷克伍德市（Lakewood）的幼苗，經過幾年栽培後價值早已大幅提升。我們種植上千棵小樹，尤其是常綠喬木，不過我猜想搞不好已經有上萬棵了，並且用於日後的某些種植計畫。如果我們將小樹從波坎帝克山莊移植到雷克伍德市的家中，然後在一地依照市價收購這些小樹，再轉移到另一地出售，我們就是自己最好的客戶。我們在波坎帝克山莊時，買入價格是每棵五美分至十美分（約當現今一・二美元至二・四美元），但若轉售給紐澤西當地市場，每棵可以賣到一・五美元至二美元（約當現今三十六美元至四十八美元），賺了一筆小財。

苗圃業和其他產業沒什麼兩樣，只要壯大規模就很容易展現優勢。多年來種植小樹與移植大樹的愉悅及滿足是我至高興趣的泉源，我所指的大樹是直徑約莫十英寸至二十英寸或更粗壯的樹。我們自行建造牽引機，並與我們的工人一起工作；一旦你學會如何與這些怪物相處，你就能與這些樹木自由共處，這種感覺真的會讓人喜出望外。我們移植的樹中很多都有七十英尺或八十英尺高，有些甚至達到九十英尺，它們當然都不是小樹了。我們曾經試著移植各種樹木，甚至包括一些連專家都表示不可能成功移植的樹木。或許最大膽的嘗試就是移植歐洲七葉樹。我們把大樹連根挖起，然後運送一段相當遠的距離，有的樹甚至都已經開花了，而我們卻照樣移植。每棵樹的運輸成本一律是二十美元。絕大部分的樹在移植後都還能存活。由於我們如此成功，以至於越來越不計後果地試著移植非當季的植物。我們如法炮製先前的成功經驗，因此取得令人滿意的成效。

我們試著移植數百棵不同種類的當季與非當季植物，若將我們剛開始學習這一門技藝的時間成本計算在內，總損失大約在一〇%以內，可能更接近六%或七%，一季移植的失敗率約莫是三%。我必須坦承有一些大樹可能會在移植後出現兩年的生長停滯期，但這是小事，因為年華不再的人希望立刻取得他們想要的效果，而現代牽引機可以協助達成。我們曾將一堆高大的雲杉分類並加以排列，力求達成我們的目標，有時還會將雲杉種滿整片山坡；橡樹只有在樹齡較小時能移植成功，而橡樹與山胡桃樹接近成樹時也不會進行移植；不過，我們曾經對椴樹實驗成功，甚至還毫髮無傷地移植三次；移植樺樹則有一點難度，但是除了西洋杉以外，常綠喬木幾乎都能順利地處理。

我對於優美景觀的規劃很早就保持熱情。我記得當自己還是小男孩時，就一直想砍掉飯廳窗外的一棵大樹，因為我認為它妨礙了從窗戶向外看的景色。我提出砍樹的建議，但是家中卻有人反對，但是我認為母親似乎是支持我的，因為某天她對我說：「兒子啊！你知道我們在每天八點吃早餐，我想如果我們坐在餐桌前大樹就已經倒下了，家人重新看到原本被倒下大樹擋住的景色，就不會有太大的抱怨了。」

因此我便放手去做。

第二章 籌募資金是一門高難度藝術

我非常感激家父親自傳授我許多實踐的方法。他曾經營許多不同的企業，以前常常告訴我這些相關的事務，解釋各自的意涵；並且指導我做生意的原則與方法。從我童年時開始，就有一本被我記得稱為帳本A的小冊子，用來記錄收支狀況與定期的小額捐款，我至今依然保留著。

理所當然地，中等收入的家庭生活會比那些有一大群僕人可以代勞各種家務的家庭來得親密。我能出生在中等收入的家庭是非常幸運的事。七、八歲時，母親就協助我開啟人生的第一份事業。我飼養了一些火雞，她從牛奶上刮下一些凝乳，讓我拿去餵牠們。我親自照料牠們，養大後再秤斤論兩地把牠們賣掉。我的帳本全是獲利，因為實在沒有什麼需要支出。我鉅細靡遺地記錄每一筆交易。

我們十分享受這種小本生意的樂趣，直到現在就算閉上眼睛，那群優雅高貴的火雞沿著小溪靜靜踱步，然後穿越叢林，小心翼翼地鑽回自己的窩裡，這幅畫面仍然歷歷在目。時至今日，我還是很喜歡看著一群火雞，從不錯過研究牠們的機會。

家母管教得非常嚴格，當我們出現學壞的徵兆，她就會舉起樺木條責打。有一次當我在學校闖禍，母親二話不說就先拿起木條處罰，之後我才有機會開口解釋自己是清白的。

「別放在心上，」母親說：「這次都已經先打完了，下次你再犯錯就省下一頓皮肉痛了。」母親每次都這樣說。我記得有一天晚上，我們幾個男孩子無視大人不准我們晚上溜冰的嚴格禁令，忍不住地偷跑出門。沒想到我們都還沒開始溜冰就聽到呼救聲，接著發現有一名鄰居踩碎冰層掉進水裡，隨時都可能會淹死。我們連忙找來一根長竿伸進水中，成功地把他拉上岸。他的家人對我們感激涕零。不是每一次溜冰都能救人一命，但是老弟威廉和我都覺得儘管我們把大人的話當耳邊風，而這件好事應該足以減輕責罰，然而事實證明我們還是大錯特錯。

開始工作

十六歲那年，我即將從中學畢業，家人原本打算讓我繼續就讀大學，但是後來念頭一轉，覺得最好還是先送我到克里夫蘭的商業學校學習數個月。學校裡教授簿記與商業貿易的基本原則，雖然訓練僅僅為期幾個月，卻讓我獲益良多，但如何找工作才是一大問題，我花了幾個星期走遍大街小巷，到處詢問商家與店主是不是要僱人，但是我的毛遂自薦全都未獲賞識，沒有人想要僱用小孩，極少數人會有耐性與我談論這個話題。最後，我在克里夫蘭碼頭遇到一個人，對方告訴我在午餐後再回來找他。我非常興奮，看來我似乎能夠開始工作了。

我感到極為焦慮，深怕會失去這個得來不易的機會。終於到了約定的時刻，我向未來的雇主報到，並且自我介紹。

他說：「我們會給你一個機會。」但卻完全沒提到關於薪水的隻字片語。這一天是一八五五年九月二十六日，我滿心歡喜地上工了，而這家企業的名稱是休伊特與塔托（Hewitt & Tuttle）。

我在開始工作時其實已經先擁有一些優勢。正前所述，父親的訓練很實用，而且商業學校的課程也教導我商業的入門知識，因此具備一定的工作基礎。再者，我很幸運地遇上一位優秀的簿記員指導工作內容。這位前輩自律甚嚴，而且很願意指點我。

當一八五六年一月到來，塔托（Tuttle）先生支付我五十美元（約當現今一千二百美元）當作三個月的工資。這無疑是我努力工作應得的報酬，我相當滿意這個數字。

隔年，我的職務不變，還是在學習與公司業務相關的細節和文書工作，但月薪已是二十五美元（約當現今五百七十五美元）。公司從事批發衍生的佣金與運送事宜，而我所任職的部門負責行政事務。我的上司是公司的總簿記員，年薪二千美元（約當現今四萬六千美元），其中包含他身為公司股東所獲得的分紅。第一個會計年度結束時他離職了，我因此接任文書與簿記的工作，而我的年薪也調漲到五百美元（約當現今一萬一千五百美元）。

當我回首這段學徒時期不免感觸良多，我可以看見它對我後續的事業發展影響深遠。

首先，我的工作都是在辦公室中完成的。當他們討論公司事務、制定工作計畫並決定行動方針時，我幾乎總是在場。因此，雖然其他同齡的孩子可能比我更伶俐，運算與寫作技巧也都比我來得優秀，但是我卻比他們累積更多的優勢。這家公司經營的業務繁多，所以我學到的經驗也十分豐富。公司擁有一般住宅、倉庫、辦公大樓等出租作為辦公室或其他用途，由我負責收租；公司也藉由鐵路、運河及湖泊運輸貨物，許多不同的談判和交易接連進行，而我也都密切參與這些工作。

因此，我負責的工作比當前許多大公司的辦公室人員來得有趣。我全心全意地投入工作，享受工作帶給我的樂趣。慢慢地，查帳的工作也交給我承辦，我會經手所有的帳單，並且認真執行分內職責。

某天，我記得自己當時正在隔壁的辦公室裡，正好碰上一名當地的水管工人拿著厚厚一疊帳單來收帳。這位鄰居是一個大忙人，在我眼中總覺得他管理的業務彷彿多如牛毛。他僅僅瞥了這疊煩人的帳單一眼，就轉而對簿記員說：

「請付清帳單。」

當我在仔細察看同樣一名水管工人的帳單時，我都會鉅細靡遺地確認，核對每一筆費用，即使是一分錢也不放過，並且盡力找出公司最大的利益，而不是像這位鄰居一樣隨便。這種自我訓練的觀點無疑也與當今許多商業界的年輕人相符，訓練自己檢核帳單正是一種執行力的體現，避免雇主的錢平白流進別人的口袋裡，所以必須比花自己的錢還要負責。我堅信以這種隨性的做事方式來經營事業肯定不會成功。

支付帳單、收租、處理理賠等這類工作，讓我有機會接觸各種對象。我得學會如何與不同階層的人打交道，一邊還要保持雙方愉快的合作關係。有一種談判技巧格外重要，我得使出渾身解數才能達成圓滿結局。

舉例來說，我們經常從佛蒙特州運送大理石到克里夫蘭，這段路程會涉及鐵路、運河和湖泊船隻運輸。萬一在運送途中發生貨物遺失或損害就必須由三方承運單位一起承擔，而且各自要承擔的責任也要事先約定。對一名年僅十七歲的男孩來說，要如何妥善處理這個問題，讓包括自己雇主在內的各方滿意，確實傷透腦筋，不過我倒是覺得這件工作並不困難，至少就我印象所及，從未與承運單位發生爭執。當時的我正處於十七歲這個容易受影響的年齡，卻能經手這些事務，而且一遇到緊急情況還能得到上級的援助——對我而言真是太好玩了。這是我學習談判原則所邁出的第一步，後續我會再回頭談談這一點。

我為他人工作，不僅體認到責任感，還接受種種訓練，真的覺得受益良多。

我估計自己當時的薪水遠遠不及現在同等職位員工薪水的一半。隔年，我的年薪調漲到七百美元（約當現今一萬七千五百美元），但是我覺得自己值得拿八百美元（約當現今二萬美元）。到了四月，公司和我尚未就此事達成共識，再加上我正好看到這一行裡有一個做相同生意的好機會，因此我就辭去職務了。

當時在克里夫蘭裡的每個人幾乎都彼此認識。在商業界有一名年輕的英國商人克拉克，他差不多比我年長十歲。他想開設一家公司，正在四處尋找合夥人。他所有的資金大約是二千美元（約當現今五萬美元），希望對方也能拿出同等金額。我覺得這是天賜良機，因為我已經有了七百美元至八百美元（約當現今一萬七千五百美元至二萬美元）的存款，但是還不知道要去哪裡湊齊剩下的一千多美元（約當現今三萬美元至三萬二千五百美元）。

我找父親商量這件事，他告訴我本來就打算等每個兒女年滿二十一歲時各贈予一千美元（約當現今二萬五千美元）。他還說，如果我希望現在就得到這筆錢的話，他願意預支給我，但是在我年滿二十一歲前都必須付利息。

父親接著補充道：「約翰，但利率是一〇％。」

在當年來看，這類貸款收取一〇％年利率算是司空見慣。銀行的利率可能不至於這麼高，但是金融機構當然不可能滿足所有的資金需求，所以高利民間借貸業者就出現了。因為我亟需這筆錢，便欣然接受父親開價，於是就成為一家新公司的次要合夥人，這家公司名為克拉克與洛克斐勒公司。

自己當家做主的感覺實在太棒了，我自豪的心理油然而生，我可是一家擁有四千美元（約當現今十萬美元）資金的公司合夥人呢！克拉克先生負責採購和銷售，我則負責財務與記帳。我們主要經營貨品運輸與貨物生產，生意很快就開始壯大，自然就需要更多資金來因應日漸增加的買賣。我們除了向銀行借錢以外別無他法，問題是銀行願意借嗎？

第一筆貸款

我去找一位熟識的銀行總裁商量。我記得很清楚，當時我焦急萬分地想得到那筆款項，也極渴望與這位銀行家建立良好關係。這位紳士就是漢迪（T. P. Handy），他是一位親切又溫和的老先生，並且擁有高尚的人品。五十年來，他一直不遺餘力地幫助年輕人，而且當年我還在克里夫蘭念書時，他就已經認識我了。我一五一十地告訴他關於公司的業務——我們想要把錢用在哪裡之類的細節。然後我就戰戰兢兢、殷殷切切地等他開口。

「你想要多少錢？」他問道。

「二千美元（約當現今五萬美元）。」

「沒問題，洛克斐勒先生，我們可以借你這筆錢，」他回答道：「你只需要給我倉庫收據就夠了。」

我離開銀行時，當下的興奮心情簡直難以形容。我昂首闊步——心裡想著銀行願意借我二千美元！我真的覺得自己是業界裡的重要人物了。

這位銀行總裁後來與我成為多年好友；每當我有需要時，他就會貸款給我，事實上我幾乎無時無刻都亟需資金，而這些錢也都出於他所有。後來，我去找他時，出於感激之情建議他投資標準石油公司的股票。他雖然深表認同，但是手邊沒有閒錢，於是我反過來當他的債主，最後他不僅回收本金，還獲利豐碩。這麼多年來，他始終親切以對並報以全然信任，我備感榮幸。

堅守經營原則

漢迪先生相信我們會以保守而適宜的經營策略來管理新公司，因而對我十分信任。我仍記憶猶新，有一個例子可以證明要堅守自己認定正確的經營原則有多麼困難，當時公司才剛剛成立，我們最重要的客戶（也就是貨運量最大宗的客戶）要求我們在拿到提貨單前就能先把貨物運送給他。我們當然希望能答應對方的要求，但是以我身為公司財務人員的立場，卻依然拒絕，儘管擔心會因此失去這位客戶。

情況變得很棘手；我的合夥人對我拒絕妥協感到不耐煩。我進退維谷，於是決定親自拜訪這位客戶，試試看能否說服對方。由於我和別人面對面打交道時運氣通常相當不錯，都能贏得對方的友誼，加上合夥人不滿之情溢於言表，在在加強我放手一搏的勇氣。我覺得當我和對方接觸後，一定能說服他先前的提議將會形成不良示範。我還自我感覺良好地認為，我的理由符合邏輯且令人信服，很能讓人埋單。雙方見面後，我立刻滔滔不絕地陳述所有悉心研擬的論據，沒想到卻惹得對方暴怒不已。最終不得不羞慚地向我的合夥人坦承失敗，顯然我一事無成。

當然，可能會失去最重要客戶的這件事對我的合夥人造成極大困擾，但是我打定主意必須堅守經營原則，不能答應客戶的無理要求。而我們後來又驚又喜地發現，對方繼續和我們保持合作關係，彷彿什麼事都從未發生，同時再也沒提出提前收貨的要求。後來我才得知，在俄亥俄州諾瓦克（Norwalk）有一位地方銀行家約翰・嘉德納（John Gardener）與這位客戶走得很近，他在上述事件發生的期間一直密切關注。從那時候開始，我就一直認定是嘉德納建議這位客戶採取這種方法，來測試我們是否會違反自己宣稱的經營原則。而這個關於公司恪守經營原則的故事也為我們帶來許多好處。

約在此時我開始外出招攬生意——我之前從未試著這麼做。我動身拜訪附近與公司業務相關的人士，也走遍俄亥俄州和印第安納州。我一心認為，招攬生意的最佳方式就是先簡單介紹公司，千萬別急著推銷貨運服務。我會告訴對方，我代表克拉克與洛克斐勒公司這家代銷商，我並不打算妨礙他們目前的業務合作，但是如果願意給我們機會的話，我們將會非常樂意提供服務，諸如此類的說法。

結果讓我們大喜過望，業務很快就源源不絕地找上門，簡直多到讓我們疲於奔命，第一年的銷售就達到五十萬美元（約當現今一千二百萬美元）。

而後接下來很多年，我們總是需要很多資金以便因應公司經營與拓展業務。隨著生意日益成功，我幾乎每晚就寢時都會理智地對自己說：「現在你只是獲得小小的成功，不久後你就會跌跤，不久後你就會摔得四腳朝天。別因為你取得好的開始，就以為自己是什麼大商人。眼睛放亮一點，不要被沖昏頭了——要穩紮穩打。」我確信這些內心深處的自我對話對自己產生深遠的影響，我擔心自己守不住當頭的鴻運，因此一再告誡自己不要太過趾高氣揚。

我借的錢有許多來自於父親，我們之間的財務關係成為我焦慮的來源，當時的心情完全不像現在可以輕鬆幽默地回顧。有時候父親會跑來告訴我，如果我做生意需要資金週轉的話，他可以借我一些。因為我總是需款孔急，所以即使要支付一〇%的利息，我依然感激父親慷慨解囊。只是每當我最需要用錢時，他總是會說：

「兒子，我發現我要用到那筆錢。」

我就會回答：「當然，你可以馬上拿到那筆錢。」但我知道他只是在試探我。我還錢以後，他就會暫時把錢收下，然後過一陣子再借給我。我承認略施這種小手段對我來說應該是好的，實際上我從未告訴他，我不太喜歡他藉此測試我的財務能力是否承受得起這類衝擊。

一〇%的利息

這些向父親借錢的經歷，讓我想起早年人們時常討論多少借款利率才應該是合理的問題。很多人都反對一〇%的利息，說是只有喪心病狂的人才敢收取這麼高的利息，簡直就是厚顏無恥。我卻對這類爭論習以為常，因為借款的價值在於它能帶來多少收益，除非借款者相信這筆錢可以換取更高的獲利，否則沒有人會支付一〇%、五%或三%的利息。當時我一向是借款者，也就不會在籌錢要緊的當下爭辯利息高低。

我曾經與他人多次探討這個問題，其中又和親愛的房東老太太討論得最持續與熱烈。當時威廉與我因為離家上學而在她家寄宿。我很喜歡跟她聊天，因為她不僅是一個幹練的女人，也是很棒的談話對象。她每週只向我們收取一美元（約當現今二十三美元）的膳宿費，卻悉心照顧我們。我理所當然就成為她的朋友。當時小鎮裡的膳宿費基本上都是這個價錢，一切幾乎都是自給自足。

這位令人尊敬的女士強烈反對借款者要負擔高額利息，我們經常認真討論這個話題。她知道我習慣向父親借錢，也知道父親收取的利息金額。

但是，不管全世界再怎麼討論利息都不可能會改變事實，只有在現金供過於求的時候，利息才會下降。

我發現經濟理論通常很難在短時間內改變大眾看待商業事件的既定觀點，唯有潛移默化才能逐漸產生影響——急就章擬定的法律條款很難改進大眾的認知。

人們很難想像在當時為企業籌錢有多麼困難，在西部更偏遠的鄉村，要支付的借款利息甚至更高，這些資金通常適用於經營風險可能較高的個人貸款，但是這也顯示出對年輕的商人而言，商業環境已與從前大不相同。

反應迅速的借款者

談到向銀行借錢，我想起一次吃盡苦頭的經驗。我們接受一家大型企業的議價而必須籌錢交易，大約需要幾十萬美元（約當現今數百萬美元以上）的現金，股票完全不在考慮的範圍內。我約莫在中午得知這個訊息，必須搭乘下午三點的火車趕去現場。我開車拜訪一家又一家銀行，請求每一位我能在第一時間找到的總裁或出納人員，盡可能打點好他們能籌到的所有現金，我稍後就會來取款。我拜訪全市的銀行一遍後，再回頭一家一家地領錢。就這樣，我籌到所需的資金，也趕上下午三點的火車，成功完成這一筆交易。在早年的那些日子裡，我總是馬不停蹄地四處奔波，不是視察工廠、開發新客戶、拜訪老友，就是制定拓展業務的計畫——這些工作都必須在短時間內迅速搞定。

籌募教會資金

我在十七、十八歲時曾被推選為教會理事。這是一處教會的分支，我經常聽到母教會的教友對我們這個教會說三道四，好像不管我們怎麼做就是比不上母教會。這一點強化我們決心想要證明光憑自己的本事也能辦好分會給他們看。

我們的第一座教堂並不是很大，卻背負二千美元（約當現今四萬六千美元）的抵押借款，多年來這一點對分會產生不良的影響。

抵押債權的持有者一直催促著教會還款，但是不知為何竟連利息都很難繼續支付。於是，他們出言威脅要賣掉教堂。雖然巧合的是這位債主本身就是教會執事，但他還是堅決要拿回他的錢，或許他真的需要這筆錢。無論如何，他放話說如果真的有必要的話，他會採取賣掉教堂的方式來拿回他的錢。整起事件演變到某個週日上午，牧師站在講道壇上宣布必須向教友們湊齊二千美元，不然教堂就要保不住了。因此，我只好站在教堂門口向前來做禮拜的教友募款。

每一名教友走近，我就會立刻上前，試圖說服對方捐出一點錢幫助教會償還債務。我真心誠意、緊迫盯人，只差沒有出言威脅了。一旦有人承諾捐款，我會馬上把名字與金額記在小本子上，然後繼續搜尋下一個可能的捐款者。

這一次募款活動是從做禮拜的那個上午，並且為期好幾個月。這是一個相當浩大的工程，因為各方承諾的捐贈金額很小，小至幾美分，大至承諾每星期捐獻二十五美分或五十美分（約當現今六美分或十二美元）。就這麼幾美分、幾美分地慢慢累計，終於籌募到二千美元的善款。這個計畫深深吸引我。我盡我所能地全心投入，同時，這一次的經歷加上其他類似工作的經驗，也讓我生平第一次有了想賺錢的企圖心。

最後我們還是籌到二千美元，債務一筆勾消。那一天真是令我們感到無比自豪，我希望母教會的人一看到我們表現得超乎預期，就會為自己以前的態度感到羞愧，只不過現在回想起來，我並不記得他們曾為我們的表現感到驚訝。

那一次四處討錢的經歷充滿樂趣，我對這項任務其實感到非常自豪，一點都不覺得有什麼好丟臉的，而且我還樂此不疲，直到後來要管理的事與責任日益增加，要處理的事務也越來越繁雜，才迫使我把這些工作交給旁人接手。

第三章

標準石油公司

在一個擁有眾多人員的組織裡，如果沒有一、兩位特立獨行、備受爭議的員工，還真是一件令人不解的事；即使在一個規模較小的組織中，也難免會有幾名過分關心個人發展與公司進步的員工，光從這些少數人的行為來判斷一個大型組織裡所有成員的性格或組織文化顯然有失公允。

有人說，我迫使石油界的業者加入我們，成為我的夥伴，我還不至於如此目光短淺。我倒想問問，如果我真的像他們所說地使出這種伎倆，這些人有可能會成為我終身的夥伴嗎？他們真的甘願接受在這種企業聯合組織中的職位，並且常年為它賣命嗎？最後，如果他們如此軟弱得不堪一擊，這些年來我們怎麼可能組成這樣一支強大而和諧的團隊？彼此之間又怎麼可能公平以待？又要如何營造高效率、團結的氛圍？事實上，這支強大團隊不僅可長可久，而且效率也越來越高。十四年來我已不再插手公司經營，而且最近八年或十年中也只進過辦公室一次。

一九〇七年的夏天，我再度走進標準石油公司大樓的頂樓，這裡多年來都是公司內部高階職員與部門主管中午餐敘的地方。我驚訝地發現，在我上次多年前造訪時的很多員工如今都已出人頭地。而後我有機會和許多新舊同事交談，備感欣慰地發現那種合作與融洽的氣氛未曾改變。集合一百多人毫無隔閡地同坐在長桌旁共進午餐，是我堅決主張的另一項指示，一開始這個念頭也許微不足道，但是如果這些人原本是被迫建立這種關係，日後他們還會不斷加深彼此之間的友誼嗎？人們在這種情況下並不可能長期保持愉快而親切。

多年來，標準石油公司穩健發展，我確信隨著企業不斷提升效率，石油產品的價格得以降低，也能提供消費者越來越優質的產品。公司逐漸擴展服務，首先觸及大型城市中心，而後才推展到周邊城鎮，如今更是深入各個角落，遍及家家戶戶，讓石油便利地送到每一個實際使用者的手中，接著還向外延伸到世界各地。例如，公司擁有三千輛油罐車，可將美國石油運送到歐洲的村莊；並且採用類似的方法運送石油到日本、中國、印度及其他一些主要國家。你是不是也有同感，正是我們努力工作才得以大幅推動石油貿易的發展？

直接販售產品給消費者的計畫加上公司飛快成長的態勢，因而產生某些敵對，我覺得這種狀況在所難免。但是就我印象所及，後來其他許多同業也紛紛仿效直接與消費者交易的做法，所以並沒有真的製造出強烈的對立。

這一點非常有趣也十分重要，我常常在想，是不是因為我們就算不是首開先例的企業，但至少應該是最早採行大規模產品直接銷售模式的公司之一，所以才會遭受各界的批評。我們在銷售產品的過程中始終秉持著公平原則，充分考慮各方權益；我們並不是無情地搶占競爭對手的生意，藉由削價或安插商業間諜，企圖摧毀對方。我們只是設定自己的目標，盡可能快速與廣泛地提升石油消費量。請容我盡量解釋清楚實際的情況。

我們為了充分利用所興建的設施，會極力開發各地市場，畢竟我們必須提高消費量。我們若想達成這個目的，就必須突破現有的銷售手法，創造其他銷售管道；我們必須解決賣出比之前多出二加侖、三加侖或四加侖石油的問題，但是依靠傳統的銷售管道根本不可能達成。我們從未刻意侵犯其他石油業者現有範疇的業務，但是當我們藉由更進步與更有效率的方式看見新商機或新銷售市場時就會極力爭取，因而開啟許多其他業者也涉入經營的業務。隨著公司規模壯大，我們持續需要人才加入，特別是在管理方面。當然，尋找高階管理人才的最佳方法就是拔擢內部的年輕員工，但是由於公司發展太快，內部供不應求，只好向外部徵才。某些新進員工不熟悉企業文化，只是一味熱中衝刺營收，這種狀況並不讓人吃驚，但是他們的舉動卻全然違背公司的規章和期待。但是我相信，即使與公司經營的大量業務量相比，這些情況很少發生，卻仍然背離前述已被證實禁得起考驗的經營原則。

多年來，標準石油公司在每一個星期都會為這個國家帶進一百萬美元（約當現今二千五百萬美元）以上的入帳，這是由美國勞工生產產品而來。我為這項紀錄感到驕傲，並且相信在更了解一些事情之後，多數美國人也會為此而自豪。推動龐大的海外貿易、擁有可以採取最經濟做法大量運送石油的船隻、派遣員工到全球市場開疆闢土，這些成就都需要投入大量資金，除了當今的標準石油公司以外，任何這類組織都不可能募集或支配如此巨額的資金。

想要對早期情況的真實面貌有所了解，就必須先理解石油業在那個時代被視為最冒險的產業，近乎於今日投機的採礦業。我有一位德高望重的老友湯瑪士・阿米塔吉（Thomas W. Armitage），四十年來一直在紐約一座大教堂擔任牧師。他曾告誡我，擴展工廠與營運是愚不可及的決定，他確定我們正在承擔無法擔保的風險，因為油源可能枯竭，需求將會下降。而他與許多人在當時都如此認為，有時候我幾乎要以為所有人都在唱衰我們。

我們作夢也沒想到公司日後會持續擴張，獲得空前成功。我們每一天只是解決眼前遇到的問題，把工作做好；展望可見的未來，把握每一個機會，奠定穩固的基礎。如我先前所提，籌措資金仍然是最困難的，因為很難吸引保守派投資人對這個冒險事業感到興趣，而儘管家財萬貫的人偶爾也會被成功勸進，在一定程度上提供金援，但是其實他們說什麼也不敢涉足這一行。有時候，他們也願意買進一些公司的股票試試水溫，但是我們清楚地體認到，他們通常會抬出各種託詞拒絕再承購新股票。

這一行既獨特又創新，因此一些公司股東經常會懷疑這份成功。所以我們必須經常清點存貨，以便維持營運，但是我們對公司的基本價值卻依舊充滿信心，願意承擔風險。總有一小群這樣的人敢為心中的信念放手一搏，如果事業最終還是失敗，他們會被歸類為不切實際的冒險家，或許就是因為這個理由。

全公司六萬名員工總是從年頭忙到年尾。去年經濟大幅衰退，但是標準石油公司仍能繼續進行未完的計畫，不曾因為資金短缺或擔心時機不佳而延遲建設新工作與新大樓。公司支付員工優渥的薪資，也提供完善的醫療與退休金制度。標準石油公司未曾爆發大規模罷工。無論時機好壞，一家企業都要提供員工更好的薪資，我想沒有其他企業管理方法會比這種手段來得更好。

另一個值得一提的是，被稱為「八爪章魚」（譯注：一八七〇年代，標準石油公司已經控制全美九成的煉油廠，還控制幾乎所有進出產油區的石油管線與匯集系統，並掌握運輸的支配權，因此被如此稱呼）的我們，在資金方面沒有摻雜任何「水分」（可能是因為我們覺得油與水無法融為一體）；這些年來標準石油公司也不曾積欠任何債務。公司儘管曾在大火中蒙受損失，但從來不曾對公開發行的債券與股票動任何手腳，藉此把損失轉嫁給市場；我們從未延請承銷銀行團出售股票，或是採取任何形式的銷售股票計畫，而且只要有必要，我們通常會設法挹注投資協助開發新油田。

常常聽見有人說公司把競爭對手排擠出場。只有那些什麼都不懂的人才會這樣說，自古至今皆是如此，未來亦然，企業總會遭逢無數積極的競爭者，唯有妥善管理事務、掌控成本，並且常保活力，才得以存續。讓我稍微談談所謂的競爭：不僅要考慮那些在煉油業中競爭的對手，還要環顧製造、販售石油相關產品的不同產業企業間如何競爭，或許更激烈的競爭誠屬國外市場的競爭。標準石油公司一直與俄羅斯大油田生產的石油產品競爭，因為我們都在搶奪歐洲市場；我們還要與占據印度市場的緬甸石油較量。我們在不同國家裡遭逢的困難不一而足，像是故意提高關稅、地區偏見及奇風異俗等。在許多國家裡，我們還必須負起教導當地人的責任，例如，我們要先做好照明燈，才能教中國人點火燃油；在世界上最偏遠的地方，我們還要用駱駝或挑夫運送石油；我們不斷調整做法，以適應陌生族群的各種需求。每次我們在國外市場取得成功，就意味著會把財富帶進我們的國家；而我們若是失敗了，則等同於為我們的國家和人民帶來損失。

華盛頓特區的國務院（State Department）是我們的最大協助者；而那些派駐在外的大使、外交使節及領事也援助我們開發國際市場，把產品推向全球的各個角落。

我想今日我可以如此坦誠而熱切地談論這一切，是因為自從十四年前我退出商業界後，標準石油公司在這段時間裡實現許多宏圖大業。

標準石油公司草創至今邁向霸權之路，從來都不是無往不利；它的成功也不屬於特定人士，而是要歸功於一群同心協力的人。如果現在的管理階層不再兢兢業業，放任產品品質劣化，或是惡劣對待客戶，他們的事業如何能永續經營？對於任何企業而言都是如此。看到對標準石油公司的相關報導，有人可能會認為在這家占據石油業重要地位的公司裡，主管的貢獻有限，只會聚集在一起分紅而已。我很高興藉此機會向這些努力付出的同事致上誠摯的敬意，他們不僅為公司服務，而且也對國家的對外貿易貢獻卓著，因為公司過半產品都銷往國外。假如公司不是由他們掌舵，而是交給一群毫不專業的人士，我將會不惜一切出售自己持有的股份。一家企業若想成功就必須延攬最優秀、最忠誠的人員來管理，這些最優秀的人才自然會晉升到高層。接下來我要談談標準石油的起源與早期計畫。

現代企業

社會大眾仍對企業存有疑慮。這種質疑十分常見，也情有可原，企業本來就有道德與不道德之分，就好比人也有美德和喪德的差別。但是，不應該只為了其中一些行跡不良的惡例就譴責所有企業，甚至是一竿子打翻一船人。企業經營的形式與特徵一直沿用至今——光是這一點就說明它的存在價值。甚至還有一些小公司也試圖朝向大企業的方向發展，因為這是一種便捷的合資形式。

同理可證，資金聯合是必然趨勢，並會持續成長。只要企業或其他公司出於關心他人的權益而經營得當，就不必太過憂心忡忡。單憑個人力量處理重大事件的日子已經過去了——你可能會主張我們應該揚棄具備效率的機器，回到手工作業的時期，但是在經過研究和嘗試過後，清醒的人就會接受我們不可能再回到過去的現實。大型企業的股東人數正呈現飛躍性地成長，這股趨勢意味著所有人正在變成大型企業的合夥人。這是一個好現象——這會促使企業經理人的責任感因此提升，並且讓擁有股份的人在責備或攻擊公司前，先公平地研究事實。

我時常針對產業聯合的主題發表個人觀點，而且我從未改變心意，也不反對重申立場，特別是在當下這個主題再次出現在大眾眼前之際。

產業聯合的主要優勢是人才合作與資金集中。單憑一己之力無法成就的事業，由兩人一起就可以完成。一旦你能接受小範圍合作或類似的產業聯合有其必要的觀點，就等於承認聯合是一股必然趨勢。對小公司來說，兩位合夥人可能就綽綽有餘了，但是如果事業不斷成長或是可望繼續成長，便必須讓更多的人才與更多資金進入。事業可能成長到一定規模，使合夥不再是能達成目標的適當方法，而後企業就會變成必要。在諸如英國的多數國家裡，產業聯合的形式獲得充分發展的機會，在美國卻不然，聯邦政府的法規制度把每一州的企業加以隔離，商人只能個別處理不同州別的業務；一家企業也不能在各州開設分公司，只能分別設立新公司。如果美國人如今不再滿足於國內市場，將會發現在海外國家創辦企業不僅好處多多，也有其必要性。因為正如美國國內的人民一樣，歐洲人也對外國企業懷有偏見。因此，同一產業的不同企業就會藉由共同持有普通股而聯合成立股份公司。

現在才討論產業聯合的優勢為時已晚，因為它們已經勢在必行。如果美國人想要保有將事業延伸到聯邦各州的特權，並且進入海外市場，就必須進行大規模的產業聯合，建立一家大企業。

這種做法的危險之處在於，產業聯合所凝聚的力量可能會被濫用，形成產業聯合有可能只是為了在股票上投機，而不是為了經營事業。若是為了這個目的，股價可能會暫時上漲，而非下跌。在不論大小的所有產業聯合裡，可能或多或少都看得見這種濫用的情形，但是我們不能因此反對企業聯合，就正如我們不能因為蒸汽機可能會爆炸的事實而拒絕使用。蒸汽動力不可或缺，而且可以想辦法做得更安全；而企業聯合也有其必要，我們可以想辦法盡量減少濫用，否則就只代表我們的立法機關無能，無法處理產業界的最重要手法。

一八九九年的產業委員會（Industrial Commission）聽證會上，我曾表示，如果我打算建議制定產業聯合相關的法律規範，內容將會是：首先，如果可能的話，應擬定並訂定關於管理企業的聯邦法規；其次，在允許政府監管的前提下，各州的法律要盡可能地維持一致，鼓勵人才與資金聯合，以利達成推動產業的目的；扶植產業發展的同時，也必須防止大眾受到蒙蔽。時至今日，我仍然堅持一八九九年時的說法。

全新的機會

我不相信企業聯合會不利於個人發展。我們正進入經濟起飛的年代，這個時代會提供未來年輕人珍貴的機會。我們常常聽見年輕人抱怨所擁有的機會不如祖父輩與父輩來得多，但是他們對於我們這一輩所遭遇的不利之處卻知道得實在太少！在我年輕時，我們雖然處處都是機會，但是卻欠缺處理的方法；我們必須一路過關斬將，不斷摸索前行；我們缺乏可以借鏡的經驗。資金是最難以取得的，因為當時的人們完全不了解信用貸款，但是如今我們已經擁有整套完善的商業評等制度。所有的事情都充滿偶然，而且我們還經歷慘烈的戰爭與緊接在後的各種災難。

今昔相比，當今的環境與機會都優越一千倍。我們的土地資源現在已經開放，幾乎找不到未開發的地域；我們的國內市場龐大，同時正在思考我們可以服務的海外消費者——為其他開發程度落後美國許多年的人們提供服務。在東方，四分之一的人口才剛剛開始覺醒。這一代的年輕人繼承父輩的遺產，兩相比較下他們父輩的生活卻看似極為貧困。儘管我天生就是一個樂觀主義者，但是我對於美國未來可能會取得的成就仍抱持保留態度。

我們若想在這些優勢條件下取得最大利益，就需要完成很多事，其中最重要的就是在全世界建立美國的聲譽。

我希望龐大的美國企業利益將能讓外國資本家覺得值得持有它們的股票，而美國人能誠實對待國外的投資者，讓他們不會後悔購買我們的證券。

因此，我可以坦承地告知，因為我是許多美國企業的投資者，但卻並非管控者（只有一家企業例外，只不過這家企業的分紅一向不多）。我就像所有的股東一樣，完全依賴產業的誠實與管理能力，我堅決且真誠地相信這些資金都會得到妥善管理。

美國商人

你總會聽到很多抱持悲觀論調的人士批評美國商人無比貪婪，這些話可能會讓你覺得我們是這個國家中汲汲營營的守財奴。過分著重報紙上那些有關商人貪婪成性的報導堪稱愚不可及，因為報紙的功能就是要報導不尋常，甚至是反常的事件。當一個人循規蹈矩地過日子時，報章雜誌就不可能會報導，唯有在他發生一些與眾不同的事件時才會被人們一再談論。不過，因為他偶爾成為矚目的焦點，你絕對不能說這些偶發事件就足以代表他的正常生活。這些頭腦靈活人士的工作目的並非只是為了錢——而是他們完全著迷於這個工作。工作熱情也不只是為了累積更多的財富。誠如我先前所述，高度的經營標準與精益求精才是他們的動機。

有人認定，美國的所有價值判斷都奠基於金錢之上。我完全不表贊同。如果真是如此，我們應該是猶如守財奴般的民族，而非揮金如土的人。我也不承認我們是一群心胸狹窄的人，只會嫉妒他人成功。正好相反：我們是一群最有雄心壯志的人，一個人獲得成功，就會鼓舞其他人跟進，而不會敵視他們，而那些將我們描述得如此惡意的說法甚至可以說是一種誹謗。

我在報紙上看到太多關於金錢至上的文章，覺得有必要培養一些像隔壁愛爾蘭鄰居所具有的幽默感。他蓋了一棟房子，從我們的窗戶看過去，顏色非常刺眼，我們都覺得這棟房屋實在很難看。我的建築品味與這位愛爾蘭鄰居截然不同，於是我們決定移植一些大樹種在自宅的後方，好遮擋一下。另外一位鄰居目睹這個情景，就詢問愛爾蘭鄰居佛利（Foley）先生，為什麼洛克斐勒先生要移植這些大樹擋在房子中間呢？佛利先生立刻用愛爾蘭式的幽默回答對方道：「因為他嫉妒我，受不了整天盯著我的漂亮房子看。」

在我剛開始創業的那些日子，人們做事的方法與現在差不了多少。當大家致力於推動事業發展時，幾乎都會覺得本身的情況與其他人不同；對於所有已經做成或要做成的蠢事、任何制定好卻欠缺專業的商業計畫，都會以這是因應大勢所趨而當作藉口；因此必須以低於成本的價格販售商品、打斷同行裡其他人的商業計畫，因為他是如此獨樹一格。這些人就算直到世界末日，一心盼望通往完美機會的完美時機也永遠不會來臨，如果你想說服他們看清現實，多半會落得無比失望的局面。

同樣地，還有另一種人一向搞不清楚業務狀況。他們之中有許多人會聰明地記帳，但是卻從未實際真的了解生意是賺是賠，這樣無知的競爭很難全力拚搏。良好的舊式常識通常極具價值。當一個人的業務不佳時，總是厭惡研究帳本並面對現實。標準石油公司的管理階層從一開始就明智而準確地記帳，我們知道自己賺了多少錢，而且知道是哪些業務賺錢或賠錢。至少，我們試著不自我欺騙。

我的商業理念無疑相當守舊，但是基本原則仍然不會改變地代代相傳。有時候我會覺得我們這些機靈聰敏的美國商人，就算精力過人，也未必能充分明瞭商業管理真正的精闢之處。我一再表示，坦白真誠面對自己的情況是有必要的：很多人以為只要避免思考這些情況就可以逃脫，但是自然法則卻無從躲避，越早釐清就會處理得越好。

常常聽到人們討論薪資，還有為什麼他們必須維持一定額度的薪資，以鐵路工人的高薪為例，勞工要獲得多少薪資才算剛剛好？從長遠的眼光來看，勞工取得的薪資應該與他所付出的勞力相當。如果你提供過多的報酬，而勞工並未完成這麼多的工作，他就像是接受救濟的窮人，而你也會打破事物的平衡。你不能承擔這種人為的情況，也無法改變商業準則，如果你這麼做就一定會步向失敗。這些可能是陳腔濫調又顯而易見的，但值得注意的是卻有這麼多人忽視這些事。這些都是我們無法擺脫的現實

——商人若想確保企業能永續經營，就必須不斷自我調整以適應自然情況。有時候我覺得美國人自認為能找到一條邁向成功的捷徑，而有時候確實也能如願以償，但是工作中真正的效率源於明瞭自己的實際情況，並且建立在實事求是的基礎之上。

很多富豪即使已屆退休年齡也不願退休，他們不願意無所事事，或是對自己的工作充滿自豪，而且想要更圓滿達成他們相信會成功的計畫，或是能獲得更多的成果。他們可能覺得要為了員工與同事的利益著想，而必須不斷開疆拓土。這些人堪稱美國的偉大締造者。試想：如果所有事業發達的美國商人在還需要他們的能力時便急流勇退，如此一來會留下多少尚待完成的事業？若是一個人獲得成功，就要承擔對應的責任，而且我們的公益團體也需要美國商人的智慧與捐款。我對這些人的付出表達無限尊崇。

不過，他們當中也有少數人只是全心投入事業，幾乎無暇考慮其他的事。他們一旦從事與生意無關的個人事業便會充滿愧疚，就好像那是一種丟臉的行為。

「我不是乞丐。」我曾聽到很多人這樣說。我只能回答：「你會有這種感覺，我深感遺憾。」

我的一生都是這樣的乞丐，而我覺得這種經歷是如此有趣又重要。我會在後續的章節中大膽談論這些事。

第四章

石油業的經歷

在我打算進入石油業時，克拉克與洛克斐勒公司的業務正蒸蒸日上。在一八六〇年代初期，我們創辦一家煉製與出售石油的公司，就此步入石油業。這家公司原本是由詹姆士先生（Messrs. James）、理查・克拉克（Richard Clark）、山謬・安德魯斯（Samuel Andrews）先生，以及克拉克與洛克斐勒公司合組而成。這也是我首次直接接觸石油貿易。隨著業務進展，公司亟需克拉克與洛克斐勒公司提供一筆龐大專用資金。安德魯斯先生在公司裡面負責生產石油，他已經學會用硫酸淨化原油的技術。

一八六五年，合作關係告吹，我們決定清算現金資產，並且清償債務，但是廠房本身與商譽這項無形資產還有待解決。有人建議採取競標形式來決定，以出價最高者得標。這種方法對我來說像是一個公平的解決方法，但問題是什麼時候競標，又要由誰主持。我的合夥人聘僱一位律師協助處理所有事情，但我卻沒想過要聘請法律代表；我覺得自己就能處理這種簡單交易。而後就由律師擔任拍賣師，我們當下立刻決定展開拍賣，經過所有人同意後，拍賣就此開始。

我已經下定決心想要進軍石油業，不再只是擔任特定的合夥人，而是積極地進行大規模投資。安德魯斯先生與我抱持同樣的想法，也有意買下公司。我覺得石油煉製產業的前途無量，卻壓根沒想到當時會有這麼多人爭相投入石油業。可是，我充滿自信，也已經調度好資金，我認為要買下廠房與商譽綽綽有餘。我寧可放棄克拉克與洛克斐勒公司的其他固定資產，準備之後完全把資產加以切割，後來就由我的老合夥人克拉克先生接管其他業務。

我記得最開始的底價是五百美元（約當現今七千美元）。我喊價一千美元（約當現今一萬四千美元），他們出價二千美元（約當現今二萬八千美元）。就這樣拍賣價格一路上揚，任何一方都不願意放棄。價格逐漸攀上到五萬美元（約當現今七十萬美元），而這個數字已經遠遠超出我們對公司本身價值的預估。接近結尾時，價格已經喊破六萬美元（約當現今八十四萬美元），然後又小幅緩慢上升到七萬美元（約當現今九十八萬美元）！我開始擔心自己是否負擔得起這一筆錢。最後，對方出價七萬二千美元（約當現今一百萬八千美元），而我毫不猶豫地喊出七萬二千五百美元（約當現今一百零一萬五千美元）。隨後克拉克先生就對我說：

「洛克斐勒，我不會再出價了，這家公司是你的。」

我詢問道：「我是否現在就要開支票給你？」

「不用，」克拉克先生說：「我信任你，手頭方便時再給我就好了。」

就這樣，洛克斐勒與安德魯斯公司（Rockefeller & Andrews）建立了，我也正式踏足石油業。從那一天起到我年屆五十六歲退休的四十年裡，我一直致力於這一行。

大家已經十分了解石油業早期的歷史，在此我就不再多說。原油淨化是簡單又容易操作的過程，最初的利潤極高，自然而然就吸引各行各業的人爭相投入，舉凡肉販、麵包師傅及燭台製造業者等都開始自行煉油。隨後進入市場的油品便出現供過於求的現象，因此造成油價不斷下跌，這個產業也瀕臨崩潰邊緣。拓展海外市場看來是情勢所趨，但卻需要漫長而艱困的發展；同時，我們也需要不斷改進煉製技術，讓油品可以低廉的價格製造與出售，還能獲得一定的獲利；而且要善用所有原料的副產品，不能像一些效能低落的煉油廠把這些材料都棄之不用。

上述情況便是我們剛開始創業時就面臨的問題，時值美國經濟大蕭條，導致我們努力和鄰居、朋友商量，帶進一些訂單，希望能讓混亂不堪的局勢恢復正常。然而，要達到擴大市場與大幅改善製造技術這些任務，是任何單一公司無法獨立完成的。我們經過通盤思考後才明白，唯有投入更多資金、卓越人才及經驗才可望達成。

我們秉持著這種想法，開始收購最大型、最優質的煉油廠，並且集中管理，以確保公司能更經濟且有效率地經營。這樣一來，公司果然迅速發展，遠遠超出我們的預期。

這家企業的經營者擁有豐富的實務經驗與出眾的能力，而且願意群策群力。很快地，企業在製造、運送、財務及開拓市場等方面都有非凡的表現。當然，我們也曾遇到困境和挫折，像是經歷火災，以及原油供應極度不穩的情況。隨著外在環境的日益改變，我們的計畫也在持續更動。我們在石油中心興建大型設施、高築儲油槽，並且連接輸油管線。沒想到不久後油源枯竭，我們所做的一切都徒勞無功。石油業充其量只是一門投機產業，我們每每都能有驚無險地過關讓我感到十分訝異；而我們也漸漸學會經營這個最艱難產業的訣竅。

海外市場

幾年前，曾有人問我：我們這家企業究竟如何成長到這麼宏大的規模？我的解釋是，我們公司一開始只是俄亥俄州的一家合資企業，之後才逐漸發展成大型企業。這樣的發展對於一家本土煉油公司來說已經夠了，不過，如果我們光靠當地市場需求的話應該早就破產了，於是我們被迫將市場拓展到世界各地。而沿海城市具備相關優勢，我們很快發覺在這些據點興建廠房，就可以更經濟地把石油運送出口。因此，我們在布魯克林、巴永（Bayonne）、費城及巴爾的摩等幾個城市興建煉油廠，並在各州成立分公司。

我們沒過多久就發現，隨著業務的成長，原本採用油桶運輸的做法已經無以為繼，容器的成本經常高於貨物本身的價值。而且時間一久，美國境內的森林也無法提供那麼多低價的木材。因此，我們尋求替代的運輸方式，改採輸油管線系統，並募集到興建管線所需的款項。

布建輸油管線必須徵求所在當地政府授權，就如同經過各州的鐵路也必須取得各州的許可。如果想要完整建設輸油管線系統就需要投入數百萬美元（約當現今數千萬以上美元）的資金。整個石油業都有賴於這些輸油管線，如果少了這些輸油管線，所有油井的價值就會大打折扣，因為送達消費者會產生額外的成本，每個國內外市場將會更難以服務或維繫。整個石油業若是缺少這種運輸方式，發展必將受到阻礙。

後續輸油管線系統仍需要其他的改進，如鐵路運輸要使用的油罐車，以及最後採用蒸汽引擎推進的油輪。資金必須用來添購這些設備，同時在公司建立後就要持有並加以運作。

企業若想穩健發展就勢必要採取上述這些措施。唯有相繼採行這些方法與持續累積資本，今日的美國才能享有從國土下方源源不絕向外湧現的財富，並且將光明提供給全世界。

標準石油公司開業

一八六七年，威廉・洛克斐勒公司（William Rockefeller & Co.）、洛

克斐勒與安德魯斯公司，以及哈克尼斯和佛雷格合組洛克斐勒、安德魯斯與佛雷格公司（Rockefeller, Andrews & Flagler）。

我們合組這家公司的目的是希望結合彼此的技術與資金，採用更經濟又有效率的方式經營，以便大規模發展來取代之前單打獨鬥的小規模作業。隨著時間的流逝，合作的可能性也越來越顯著，我們發現有必要進一步投入更多的資金。而後我們分頭說服其他人合組標準石油公司，募集一百萬美元（約當現今一千五百五十萬美元）的資金。後來，我們陸續發現更多可以運用的資金，找到願意投資公司的人。到了一八七二年，公司的資本增加到二百五十萬美元（約當現今四千五百萬美元），到了一八七四年又增至三百五十萬美元（約當現今六千六百五十萬美元）。公司日益成長，我們也開闢許多國內外市場，更多的人才和資金湧入，並且有許多新公司也紛紛成立，只不過我們仍一本初衷——藉由提供客戶最好與最便宜的產品，推動企業繼續擴張。

我把標準石油公司的成就歸功於一貫的經營政策：提供價廉物美的產品以擴大業務量。我們不計成本採用最好也最有效率的製造方法；我們以最優渥的薪資尋求管理班底與工人；我們汰換老舊機器和廠房，並以全新且更好的來取代；我們考察工廠選址地點，以求供應市場時的支出最低；我們不只尋求主要產品的市場，也四處尋覓具備潛力的副產品市場，盡力銷往世界各地；我們大手筆斥資數百萬美元興建輸油管線、特殊車款、油輪及油罐車，降低集油與配油成本；我們在全美各地的中央鐵路線附近與建加油站，節省石油儲存和運輸費用；我們對美國石油充滿信心，募集大筆資金，強化美國石油業，抵禦來自俄國及其他所有產油國家的競爭。

保險計畫

在此舉例說明我們達到一定程度的節省與獲取實際優勢的方法之一。我們從過去的寶貴教訓得知，火災是石油煉製和儲存作業的威脅，於是我們就把廠房分散在全國各地，如此便能把必須承擔的風險與可能遭逢的損失減到最小。沒有火災可以摧毀我們，因為我們能建立一套自我保險系統，讓用於保險的準備金不會一下子就花光，而那些將廠房集中在同一處或鄰近區域的企業可能就會面臨這種窘境。我們詳實研究並完整落實防火管理制度，每年改善設備與計畫，最後，這一套保險計畫對於標準石油公司的盈餘極具貢獻。

無論是在保險的節省，以及將火災對獲利所影響的損失減到最小，都可輕易看出，不只是在煉油方面，而且還牽涉許多其他的相關企業：諸如副產品的製造商、油罐車與油輪，以及油泵的製造商等。

我們全神貫注、專心致志經營石油業務及其產品，從未分心經營業外事務，而是堅持採用各種措施持續讓現有組織得以完整。我們自行培養人才，許多員工都是從年少時便開始接受培訓；藉由全面提升他們的個人能力，培養他們對公司的忠誠度；我們提供他們購買股票的機會，而且公司也幫助他們融資購買。我們的年輕人才不論在美國和世界各地都擁有精益求精的機會。我們也歡迎老夥伴的子女參與討論，負擔管理職責。我可以這麼說，公司從以前到現在都是一群忙碌員工最快樂的集合。

我曾經被問道：現在的經理人是否會經常徵詢我的意見？我要說的是，如果他們有需要，我十分樂意提供一己之見；但是事實上從我退休之後幾乎沒人這麼做過。我仍然是大股東，自從我退出管理階層後，實際上我持有的公司股票卻增加了。

為何標準石油公司能派發可觀紅利？

容我在此解釋這個問題，雖然有人很想知道個中原因，但是我確信也有些人漠不關心。標準石油公司每年派發四次紅利：第一次是在三月，此時全年最忙碌的季節已經結束，因為冬季消耗的石油量比起其他季節更多；其他三次派發紅利的時間則較晚，間隔的時間相同。現在公司的股本是一億美元（約當現今二十四億美元），派發紅利的比率高達四〇％，但這不意味著獲利就是投資金額的四〇％。事實上，這是公司經營三十五年或四十年來所有儲蓄與盈餘累積的結果。公司的股本已經增加好幾倍，沒有一分錢的資本過多或是「灌水」嫌疑，全部都是實際價值。如果將股本成長納入計算，平均紅利則落在六%至八%。

正常成長

現在讓我們研究一下，這些年來這家企業的資產順其自然、絕對正常地成長幅度。當年布建輸油管線的生產成本大約是現在的五〇%。如今遼闊的油田在買入時只是一片尚待開發的處女地，之後在這些土地上獲得龐大的產出。公司買進大量低品質原油，很多人認為它沒有多少價值，但是公司希望最後仍能充分利用其剩餘價值。事實證明這是明智之舉，因為隨著業界發明煉油技術與無用殘渣的廢物利用技術，因而大幅提升這些低品質原油的價值。公司大力開發原先低價購入的碼頭，如今價值激增；我們會在接近主要商業中心的地方取得一大片尚未開發的土地，接著再把工廠遷移到這些地方，充分利用土地，結果不僅提升公司持有資產的價值，也推升附近的地價高漲數倍。不管在美國或其他國家，我們總會在興建工廠的地區買下大片土地。我記得有一次我們以每英畝僅約一千美元（約當現今二萬一千四百美元）的價格買下一些空地建廠，之後又不斷開發，結果這塊土地的價值在三十五年至四十年間就翻漲四十、五十倍。

其他公司的財產也和我們一樣都升值了，但是它們的資本額擴充幅度也比我們來得大，因而得以避開那類衝著我們而來的批評。其實我們只是秉持老派而保守的觀念，所以未曾展開類似的資本擴張。

這些往事並不是什麼千奇百怪或神祕兮兮的事，都只是遵照產業發展的自然法則而已。艾斯特家族（the Astors，譯注：美國豪門，最初以貿易起家，而後經營房地產事業有成）與其他許多房地產龍頭也都是遵循這種方式經營。

如果一個人拿出一千美元的資本創業，並且會存下大部分的收入而不是揮霍一空，然後逐漸增加資產與投資，資本額因而累積到一萬美元。如果只依據他原先創業的一千美元來計算當前獲利的比率會顯得很愚不可及。在此，我想重申我的想法，標準石油公司的經理人應該獲得嘉許而不是責備，因為他們身處這個滿是風險，或者該說是不可避免的高度投機性產業裡，卻能自始至終都採取最保守的經營路線，為企業奠定紮實的基礎。標準石油公司每年派發的紅利從未讓股東失望，而且全美持有標準石油公司股票的股民也日漸增加。

資金管理

我一再強調，我們從未試圖在證券交易市場上出售標準石油公司股票。早期，石油業的風險很高，如果股票在證券交易所上市，價格無疑會劇烈波動。我們寧可讓公司的所有者與管理者直接完全合法經營，而不是在股票市場投機進出。我們悉心保護公司的利益。有人批評我們只拿出公司旗下所有實際資產的一小部分來派發紅利，但是如果我們增加資本額，並在證券交易市場上市，又可能會被批評是用推銷來誘使大眾投資。如同我先前所指，公司之所以基礎紮實、保守經營，是因為曾歷經早期籌措足夠資金的種種艱難，由於浮沉商海多年，才決定依靠自食其力的經營政策。自從那時候開始，我們就不曾過分依賴金融界的援助，而是自行找出解決方法，不僅因而保護自身的重大利益，還隨時準備幫助其他陷入危難時刻的人。公司之所以會備受各界批評，我確信都只是因為這些人還不了解全部事實。雖然我在很久以前就退出公司的管理階層，但還是認為那些與外國製造商激烈競爭，致力將美國石油賣給全世界的人才，應該受到讚許和鼓勵。

有關標準石油公司投入所謂的投機活動，一直有許多的謠言，我要針對這個話題說明自己的看法。標準石油公司只對石油產品和相關的合法製造事項感興趣，公司擁有生產油桶與油槽的工廠、開發抽取石油的油泵、齊備運送石油的船隻、油罐車、輸油管線等——但是這些設備都和投機行為無關。石油業本身已經帶有相當高的投機性了，唯有保持冷靜頭腦，牢牢掌控才能成功管理。

公司派發股東的紅利是來自從石油交易中賺取的利益。股東們可以任意選擇他們認為適當的花錢方式，而公司對於股東處置紅利的方式並沒有任何方式可以介入處理。標準石油公司從未擁有或控制「一系列銀行」，也不曾與任何銀行有直接或間接的利益，和銀行的關係只限於正常業務往來，就如同其他客戶一樣；公司會買賣自己的股票，多年來這些交易讓全世界都能接受其匯票。

性格決定一切

說到標準石油公司的創辦緣起，大家應該還記得，我們合併各家公司並不只是為了顧及個人利益，主要是想要匯集卓越人才，眾志成城才是我們真正的出發點。或許我有必要再次強調這項事實：組成一家企業的元素並不僅僅是資金、「廠房」及嚴格定義的實體財產，更包括實體資產以外的人才特質、人格與能力；這些都是要納入考量的要素。

一八七一年年底，我們開始買進位於克里夫蘭中一些比較重要的煉油廠。當時市場情況十分混亂，充滿不確定因素，很多持有煉油廠的人都急於脫離這一行。我們一貫提供這些想要脫手的賣家兩項選擇：收取現金，或是換取等值的標準石油公司股票。我們強烈屬意他們選擇換取公司股票，因為對當時的我們來說，就算是一美元也價值不菲，但是出於商業政策的考量，我們發現提供賣家選擇的機會還是比較理想的做法，大部分的賣家都選擇入袋為安。他們很清楚一美元能買到什麼貨品，卻高度質疑石油市場復興的潛力與股票是否能帶來長久價值。

收購煉油廠的行動持續好多年，標準石油公司在此期間內買下克里夫蘭許多家較重要的煉油廠。然而，有一些小型業者與其他同業一樣得到退場的機會，卻依然繼續經營，不願被收購。在某些地理位置比克里夫蘭更有利的煉油地區，也有幾家煉油廠經營得有聲有色。

收購巴克斯

所有收購煉油廠的交易過程都建立在極度公平與開誠布公的基礎上，可是某些交易故事卻渲染出眾多版本，留給大眾一種印象：這筆買賣是在極不情願的情況下完成，是因為賣家受到超級勢力無情打壓而被迫同意。其中，收購巴克斯石油公司（Backus Oil Company）資產的故事就是在口耳相傳的過程中被加油添醋，我被塑造成掠奪者，奪走一位無自保能力的寡婦手中極具價值的財產，只扔給她應得價值的殘渣作為補償。這一則流傳坊間的故事帶有極強的感染力，能勾起大眾的惻隱之心。萬一真相確實如此，這種殘酷壓榨毫無反抗能力婦女的行為將成為一起震撼人心的事件。這個版本的故事廣為流傳，許多不明就裡的人照單全收，從此敵視標準石油公司與我個人的所作所為。

這是我之所以要盡可能詳述整起事件經過的原因，雖然我極不願意重提舊事，而且多年來也一直避免觸及這個話題。

大巴克斯（F. M. Backus）先生在克里夫蘭德高望重，也是我的老友。他在一八七四年去世前幾年一直致力於潤滑油的業務；在他身後，家人繼續以巴克斯石油公司為名經營相關業務。一八七八年下半年，標準石油公司買下這家公司的部分資產。雙方的談判持續幾個星期，分別由對方的主要股東——巴克斯夫人的代表人查爾斯·馬爾（Charles H. Marr）先生，以及我方的代表彼得·詹寧斯（Peter S. Jennings）先生進行。我本人並未涉入談判，只是在這件事剛開始籌劃的階段，巴克斯夫人邀請我到府上，於是我依約前往。當她提起想要出售部分的資產給我們公司，要求我與她談判時，我溫言婉拒她的要求，並解釋這是因為我不熟悉談判細節的緣故。在那次談話中，我建議她不要倉卒採取行動。當她談到憂心石油業的未來，像是她無法找齊足以運送石油的油罐車時。我告訴她，雖然我們有自己的油罐車車隊，得應付自家需求，但是她若給個數字，我們就會試著借給她，而且也願意在其他事務上提供合理協助。我相信往後她也能像從前那樣繼續成功地經營她的生意。然而，我也告訴她，如果她深思熟慮後還是打算重啟談判，我們將會指派熟悉潤滑油產業的代表和她一起協商。由於她明確表示仍然希望我們買下她的資產，於是詹寧斯先生就代表我方與對方展開談判。我唯一和這整起事件有關的是，當我們的專家估算出廠房、商譽及繼承權等價值總額後，我要求他們追加一萬美元（約當現今二十二萬五千美元），並且再三確保巴克斯夫人能得到完整金額。整筆交易圓滿結束，結果一如我們預期：付清雙方協商後的價格後，巴克斯夫人表示十分滿意。

然而，讓我目瞪口呆的後續發展是，交易結束一、兩天後，我收到她寄來一封非常不客氣的信函，抱怨她受到不公平待遇。我調查整件事的來龍去脈後，回覆給她的信函內容如下：

親愛的女士：

我在昨天收到您於十一日的來信，直到今日我仍不斷回想當初雙方協商收購巴克斯石油公司股份時的每一個談判細節，以確定我是否在不知情的情況下做出任何傷害您的行為。在那次會面時，我確實曾建議，如果您願意的話，可以保留一些巴克斯石油公司的股份，以確保您獲得應有利益。而後我的理解是，您說一旦出售公司就希望完全脫離這個產業。就我所知，在您決定出售，而且不保留任何股份後，我們據實安排。因此，當您又提出要留下一些股份時，我們便根據上述事實回覆您的要求，而不是像您所說的悍然拒絕。您的來信中也提到我擅自從您手中奪走巴克斯石油公司的業務，我要說您錯怪我了，坦白說，收購巴克斯石油公司一事與我個人的自身利益無關，而是為了您的利益著想。請您回想，兩年前您曾向我和佛雷格先生諮詢是否應該出售股份給羅斯（Rose）先生。當時您急於脫手，收到的報價遠低於現在所獲得的現金。如果您獲得令人滿意而足以延期付款的抵押品，可能早已達成那次的交易。如今我們支付購買巴克斯石油公司資產的價格，相較與建相等甚至更好設備的新公司還高出三倍。我強烈要求買價要訂在六萬美元（約當現今一百二十萬美元），儘管內部同僚認為這個金額實在過高。我相信如果您重新審視您的來信，應該會承認如此論斷我未免有失公允。我也希望您能充分認同這一筆交易，然而，考量到您現在的感受，因而重新在此向您提出建議：您只要全數歸還我們已經投入的資金，就可以當作我們從未進行過這筆交易。

如果您不想要接受這項提議，您只要支付和我們購買時相同的價格，我就會提供給您一百、二百或三百股股份。由於我們已經開始向巴克斯石油公司投入資金，因而促使公司的總資產增加十萬美元（約當現今二百二十五萬美元），因此每一股份的價值已上漲到一百美元（約當現今二千二百五十美元）。

您不必急著答覆我，我將保留三天讓您考慮究竟是否接受我的提議，同時請您信任我。

您最忠誠的朋友

約翰・戴維森・洛克斐勒

一八七八年十一月十三日

巴克斯夫人並未接受上述任何一項提議。為了表示這一切並非我個人的片面之詞，我附上以下幾份文件：第一份是小巴克斯（H. M. Backus）先生的來信，他是巴克斯夫人已故丈夫的兄弟，在大巴克斯死後一直參與公司的相關業務。這封信完全是由小巴克斯先生自發地寫下，而我也取得他的同意才公開這封信。再來是代表巴克斯夫人參與談判的紳士們所保留切結書的一些摘要。我並非有意公開宣揚小巴克斯先生在信中對我的恭維，只是擔心如果遺漏隻字片語，唯恐會引發一些接踵而來的誤會。

俄亥俄州克里夫蘭

致約翰．戴維森．洛克斐勒先生

我不知道您能不能收到這封信，或者您的祕書是否會隨手將它扔進垃圾桶裡，但我還是要寫下這封信給您，了卻我的心願，就算您收不到或無法看到也不是我的過失了。自從我已故兄長的遺孀巴克斯夫人就出售舊有巴克斯石油公司資產，而寫給您那封偏頗而無理的信件後，擁有一小部分股權的我便想寫一封信給您，表明我並不同意她的說法。我與兄長一家人同住，由於巴克斯夫人告訴詹寧斯先生希望能直接和您談判，而您應巴克斯夫人要求上門討論出售公司事宜那天我也正好在家。打從一開始，我就同意這項出售的提議。

我與巴克斯夫人一同處理她和羅斯先生及馬洛尼（Maloney）先

生的糾紛，竭盡所能地鼓勵她，以防羅斯先生從中得利。就我看來，巴克斯夫人是一位極為出色的金融家，但是她並不知道，而且也沒有人能說服她相信，她在金融領域所取得的最大成就便是將巴克斯石油公司賣給你們。她無從得知，在這筆交易完成後五年，越來越多孤注一擲的競爭態勢將擊垮公司，她將深陷於歐幾里得大道上的龐大債務而難以自拔。唯一能拯救她與石油公司的轉機便是對面雪瑞夫街（Sheriff Street）上的約翰．戴維森．洛克斐勒所提出的計畫。她認為您實際上是從她手中掠奪上百萬美元，導致她的子女三餐不繼。這種想法漸漸地演變成一種病態的瘋狂，沒有人能提出任何建議並且對她產生影響。她在很多方面都表現得明智寬容，但就這件事來說，我卻覺得她太一面倒了。當然，如果我們確信有能力繼續獲利，我就會出言反對出售公司，但卻事與願違。我知道是您要求在購買總金額上又加上一萬美元；我知道您最後支付的金額是資產原價的三倍；我也知道正是因為我們把資產出售給您，才得以逃脫破產的命運。我之所以會這麼說，只是想要讓您得到公正的對待，也減輕我內心的負疚。賣掉公司以後，我轉戰水牛城（Buffalo），單純地以為可以在當地東山再起，但是不久就失敗了，只好銷聲匿跡；然後前往明尼蘇達州的杜魯斯市（Duluth），搭上房地產市場的順風車，直到泡沫破滅後也隨之破產。我經歷人生的起起落落，但試著為自己治療傷口，樂觀以對，而非一蹶不振地責罵約翰．戴維森．洛克斐勒害我損失一切。

我想如果不是一、兩天前我正好與巴克艾管線公司（Buckeye Pipe Line Company）的主管哈納芬（Hanafin）先生聊起舊有的巴克斯石油公司出售一事，或許又會延遲好幾年才提筆寫下這封信。這封信已經拖太久了，那一次的交談重新讓我燃起寫信給您的念頭。現在這封信已經寫就，心上的那塊石頭也落地了。

約翰・戴維森・洛克斐勒，我想再次向您表達我對您的尊敬和敬佩。

您真誠的朋友

小巴克斯

一九〇三年九月十八日

俄亥俄州柏林格市（Bowling Green）

從切結書上可以看到，代表巴克斯夫人和公司參與談判的是馬爾先生和馬洛尼先生。前者是當時巴克斯公司員工，後者則在是巴克斯公司的草創時期就已經擔任主管，同時也是公司股東；而代表標準石油公司參與談判的人士是詹寧斯先生。

在一般人的印象中，標準石油公司斥資七萬九千美元（約當現今一百七十七萬七千五百美元）買進巴克斯石油公司的資產，但是這家公司的資產遠遠超出這個價格，卻在標準石油公司威脅利誘、軟硬兼施下賤價出售。詹寧斯先生請馬爾先生提供一份書面計畫書，完整條列巴克斯公司將要出售的資產項目及價格。馬爾先生據實提供，這份文件就附在詹寧斯先生的切結書裡。標準石油公司最後決定不全數買下巴克斯公司的資產，只購買公司持有的石油，並依據市價支付約一萬九千美元（約當現今四十二萬七千五百美元）；針對「廠房、商譽及繼承權」一項，馬爾先生出價七萬一千美元（約當現今一百五十九萬七千五百美元），但是標準石油公司殺價壓到六萬美元（約當現今一百三十五萬美元），對方很快就接受這筆金額。馬爾先生的切結書如下：

「查爾斯．馬爾正式宣誓，本人謹代表巴克斯石油公司參與談判，促成該公司廠房、商譽及現存石油出售事宜。同時該公司出價十五萬美元（約當現今三百三十七萬五千美元）出售全部股份，包括庫存現金、應計股利等，並依詹寧斯先生要求提供出售資產的定價計畫書。

本人與巴克斯夫人全面討論並取得同意後，茲提供完整計畫書，附在詹寧斯先生的切結書之後；這份計畫書由本人書寫，並應詹寧斯先生之要求，親自在美國潤滑油公司（American Lubricating Oil Company）辦公室以原始版本影印，原件已呈交巴克斯夫人。

「巴克斯夫人已經充分了解談判細節，以及附帶計畫書中的細項和價格；談判的每個步驟都親身參與，直到完全同意。因巴克斯夫人身為巴克斯石油公司的最大股東，擁有公司約十分之七的股份，其完全同意上述計畫書，接受詹寧斯先生以六萬美元價格收購廠房、商譽及繼承權的提議，並無異議。據立誓人所知，巴克斯石油公司的總資產約為十三萬三千美元（約當現今二百九十九萬二千五百美元），包含進貨價格；而其中一部分資產並未如立誓人所告知的結果轉為現金。」

關於收購巴克斯石油公司的談判經過，巴克斯夫人的代表馬爾先生還提及：

「但立誓人聲明，在此過程中，詹寧斯先生或是其他人從未對巴克斯石油公司施壓，也從未說過或做過任何事催促上述交易完成。」

他還表示：

「立誓人聲明，談判持續進行二到三個星期……在此懸而未決期間，巴克斯夫人不斷催促本人盡早完成這項任務，因為她急於出清上述產業，擺脫日後的憂慮及相關責任。在本立誓人告知詹寧斯先生的出價時，她表示極為滿意。」

從巴克斯石油公司草創以來，馬洛尼先生就一直擔任公司主管，同時也是公司股東，並於大巴克斯先生在世時與之共事多年。他代表巴克斯夫人參與出售公司一事的談判。他談起這一次談判時是這麼說的：

「最後，經過雙方協商，巴克斯夫人提議以七萬一千美元出售廠房、商譽及繼承權。數天後，標準石油公司則提出以六萬美元收購廠房、商譽及繼承權，並以市價收購巴克斯石油公司的庫存石油。巴克斯夫人接受這項計畫，雙方達成交易。

「在協商的期間，巴克斯夫人一心急著出售公司，也對最後的成交價格極為滿意。我知道在一年半前她就想要出售巴克斯石油公司的股票，當時出價還比標準石油公司如今提供的價格低了約三〇％至三三％，同時在這段時間內，公司所出售的廠房與資產並未增值。我很清楚巴克斯的資產及其價值，當時興建新廠房只要花費二萬五千美元（約當現今五十六萬二千五百美元）。我們並未遭遇任何威脅與恐嚇，也沒有遭受任何強迫出售之類的行為。談判是在愉快和公平的氣氛下進行，而且成交價格大幅超出實際價值，巴克斯夫人非常滿意。一切都是在為她著想。」

現在已經過了三十多年，就我看來，標準石油公司這一方以最友善而體諒的方式對待巴克斯夫人。讓我深感遺憾的是，我們曾建議她至少保留小部分標準石油公司的股票，但是她並沒有這麼做。

回扣的問題

所有標準石油公司引起眾所矚目的事件裡，其中最顯著的例子誠屬鐵路回扣事件。一八八〇年之前，我是俄亥俄州的標準石油公司總裁，我們的確收過鐵路公司的回扣，但是鐵路公司不可能會做賠本生意，之所以會提供回扣的原因純屬商業手段。鐵路公司都會有一個公開的運費，但是據我所知他們卻極少依照定價收費，而是會把其中一部分當作回扣退還託運方。這種經營方式會讓競爭對手和其他鐵路公司都無從得知託運方真正支付的運費。每一家託運方都要使出渾身解數爭取最低運費，但是否真的比對手厲害就是各說各話了，多半取決於託運方能否從承運方之間的競爭中得利。

俄亥俄州的標準石油公司位於克里夫蘭，具備不同鐵道運輸路線的談判優勢，夏季時還可以選擇水運，因此我們位居上風，能盡可能爭取到最滿意的運費，其他公司也是如此。標準石油公司為求降低運輸成本，提供鐵路公司諸多有利條件：創造大批出貨、整貨車與整列車載送；花大錢供應裝貨和卸貨設備；定期運送貨物，讓鐵路公司得以充分利用鐵路運送，無須等待煉油商的便利性，創造最大載運產能；我們承擔保險費，一旦發生火災，鐵路公司得以免除相關責任；我們還斥資興建貨櫃碼頭設施，省下貨物處理費用。上述服務讓我們能簽訂享有貨物運送特殊津貼的合約。

儘管鐵路公司提供特殊津貼，但是標準石油公司所貢獻的獲利仍遠比其他一些出貨量較小、出貨時間不固定的公司來得高，因此後者支付的運費仍然較高。

若想了解影響收受回扣的內情，要先記住，鐵道公司總是一心一意想擴充貨運量，而且還要應付湖泊、運河船隻運輸及輸油管線的競爭，上述各種石油運輸方式都會侵蝕鐵路運輸的生意，也都迫不及待地想要在競爭中脫穎而出。我在前面說過，我們提供裝卸貨的設備，並且同意每天送出固定的貨車與列車運輸量，再加上提供上述提及的所有條件，所以最終的結果就是，我們為了鐵路公司與自己省下成本。所有這些作為都符合商業的自然法則。

輸油管線與鐵路運輸

布建輸油管線的工程等於是為鐵路系統製造出另一位強勁對手。借道前者輸送石油的成本遠低於後者採取運送油罐的方式，因此發展輸油管線已成為必然。關鍵只在於石油產量是否充足，投資才有獲利空間。以下的窘境經常出現：直通油田的輸送管線布建完成後，卻發現油井已枯竭，而這些管線的價值馬上從黃金變廢鐵。

鐵路系統與輸油管線間的關係發展出一種有趣的特殊狀況。在很多情況下，兩種設施都要派上用場，因為輸油管線往往只能延展到全程中的某一段，石油送到這裡之後就要由鐵路接手運到終點。在某些情況中，起初都是根據協議全程委託鐵路運輸石油，一旦輸油管線布建完成後，一部分的路程就會改採管線運輸，而另一部分的路程則仍由鐵路運送，因此運費就得分開計算。但是，由於整筆運輸費用早已付清，因此管線的所有者多半會同意回撥一筆費用給鐵路公司。所以，才會冒出標準石油公司提供鐵路公司回扣，而非鐵路公司提供標準石油公司回扣的說法，只不過我還未曾聽到任何相關主題的研究人員對此提出怨言。

標準石油公司的獲利並非來自鐵路提供的好處，反而是鐵路公司從標準石油的運輸委託裡得益。不管標準石油公司持續努力降低運輸成本換來什麼好處，最終只不過是幫消費者節省開支的方式之一；而這項結果也讓我們得以降低售價，提升全球市場銷售量。

討價還價是一門複雜高深的學問，個中奧妙難以想像；每個人都處心積慮地爭取最划算的運費。而在《州際商業法》（Interstate Commerce Act）通過後，雖然我們斥資興建貨櫃碼頭設施、有穩定的出貨量，並且提供其他便利的條件，但是我們仍聽說一些出貨量有限的小公司能夠取得比我們更低的運輸費率。我清楚記得，波士頓有一位睿智長者曾提及回扣和退款的問題。他是一位經驗豐富的老商人，總是小心翼翼關照事業，也常擔心競爭對手會拿到比他更優惠的價格，而他傳達個人信念如下：

「我反對整套回扣與退款制度，除非我自己有利可圖。」

第五章

其他的商業經歷與商業準則

我進入鐵礦領域是一次違背自身意願的經歷，因為這個決定並未經過深思熟慮就倉卒做成，因此加重個人煩惱與責任。我之所以會涉足鐵礦業是源於幾次在西北部投資都以失敗收場。

我涉獵的產業相當廣泛，有礦山、鋼鐵廠、紙廠、鐵釘工廠、鐵路、林場、冶煉廠，還有其他記不得的產業。我是這些公司的小股東，但不曾涉足企業經營。我投資的所有公司並不是都能賺錢。事實上，一八九三年經濟大蕭條爆發前幾年，市場上多多少少都能察覺到通貨膨脹的現象。許多原本自認為是富翁的人發現現實與想像並不相同，大恐慌一到，苦日子才迫使他們接受這個殘酷的真相。

大多數的產業我都未曾親身探訪，而是依靠別人提供的調查結果來判斷它們的價值；更確切地說，我從未單憑自己的理解來判斷這些廠房的價值。我發現其他人比我更懂得如何調查這些企業。

即使當時我已計畫要淡出商場了，但是大恐慌卻迫使我延後一直期盼的長假。幸好我結識佛德瑞克・蓋茲（Frederick T. Gates）先生，當時他正投入美國浸信教育協會（American Baptist Education Society）的相關工作，因此得在全國各地東奔西走。

我突然想到蓋茲先生雖然不懂工廠的專業技術，但卻具備深厚的常識，能幫我蒐集這些企業是否蒸蒸日上的第一手資料。有一次，當他正要準備啟程前往南方，恰好會路過我有興趣想投資的一家煉鐵廠，因此我就委請他檢視工廠的狀況。

蓋茲先生上呈的報告堪稱典範。內文說明實情，而且幾乎全面看衰。不久後他又剛好要前往西部，於是我就把自己在那裡小額投資的公司名稱與地址給他。我相當確信這家公司的經營狀況良好，沒想到他交來的報告卻讓我大感吃驚，內文清楚明瞭地指出，這家公司如果依照現行模式繼續燒錢，恐怕遲早會面臨倒閉的問題。

治療商業弊病

隨後我就安排蓋茲先生接受一項職務，以便幫我處理這些棘手事務，並成為像我一樣的商人。但是，後來我們達成共識，就是蓋茲先生不會放棄原本戮力以赴的計畫，也就是更宏大也更重要的慈善志向。

在此，我要暫時打住，讚揚蓋茲先生不僅集少見的商業才能、極為高明與光明磊落的行事於一身，而且滿懷熱情，努力完成對人類具有偉大和長遠好處的事業，他的影響力萬古不滅。他擔任通才教育董事會（General Education Board）董事長，並積極參與其他董事會的活動，而多年來他也一直協助我們從事許多希望能帶來長遠影響的服務捐款計畫。

蓋茲先生多年來為我經手私人事務、陪我度過艱困時期，並且為我分憂解勞，留給我更多時間打高爾夫球、設計景觀小路、移植樹木，以及追尋其他相關的消遣。他深入調查我們的教育捐獻、醫學研究及其他類似的工作，結果非常成功。在最近十年至十二年，我的兒子開始分擔蓋茲先生的部分工作，最近史達・墨菲（Starr J. Murphy）先生也加入公司協助蓋茲先生。蓋茲先生為我們的事業吃苦耐勞，理應過著我們希望他享受的悠閒生活了。

但是，還是得回頭談談那些令人擔憂的投資：蓋茲先生充分研究這些企業，並且不遺餘力地幫助它們。我們的政策是，如果我們可以避免旗下的投資公司走入破產法庭，就要盡力避免；因為聲請破產的代價高昂，企業也會蒙受重大損失。我們的計畫是幫助這些企業度過難關，看顧它、提供必需的借款、改進設施、降低生產成本，並發揮我們的用處，付出足夠的時間與耐心，把握每一個機會，就可能促使它得以自力更生，進而成功。所以，在一八九三年和一八九四年這段艱困時期，我們小心翼翼地為這些搖搖欲墜的企業處理各項事務，因此有許多企業都得以繼續經營；它們有時購買其他企業的股份，有時則是出售自己的股份，但是幾乎所有的企業都得以逃脫破產、破產管理及喪失抵押品贖回權的犧牲與恥辱。

在整個過程終於結束前，我們已經累積了治療商業弊病的大量經驗。直到今天我重提這個話題，就是要指出一項事實：對於那些跌到谷底的商人，只要小心與耐心地照料，即使眼前看似已經山窮水盡，仍有可能轉危為安。這需要兩個條件的配合：一筆額外資金，不管是自掏腰包或是向別人借款；還有堅守合理的商業自然法則。

採礦

在上述的諸多投資中，我們購買幾家礦場股份，並插股一條從礦場運送礦石到港口的鐵路股票與債券。我們對這些礦場信心滿滿，但若想將礦產化為利潤，鐵路是不可或缺的要件。因此，開始興建鐵路，可是在一八九三年的大恐慌時期，鐵路及其他發展卻幾乎全部荒廢。雖然我們只是小股東，但是從當時的情況看來，似乎「就靠我們」還有餘裕可以維繫鐵路公司的命脈，走出可怕的大恐慌時期。我只好拿出個人的證券抵押借款，並且最後我們還被迫提供大筆現金。我們為了籌錢，只好進入劇烈動盪的貨幣市場，用高度溢價買進現金緊急匯往西部，以支付鐵路工人的薪資，好保障他們的生計。當大恐慌時期逐漸遠去，形勢也變得較為穩定，我們才開始意識到自己的處境。我們在這段時間裡投資數百萬美元，而沒有其他人跟進買入股票；相反地，所有人似乎都急於拋售持股。我們買到的股票總數相當驚人，幾乎是輕而易舉就買下將近全部的股份——我們全都是用現金買進。

我們現在才發現已經掌控大量的礦場，其中有些蘊藏量豐富，用蒸汽挖土機就能挖出礦石，一噸只要幾美分的成本，但我們依然要面臨最不完善、不合宜的礦產運輸方式。

事件演變至此，我們明白，為了保護這些投資，就必須擴大這一行的交易規模；我們覺得除了盡可能做出成效，絕不能在此時喊停；我們既然都已經砸了這麼多錢，乾脆就買下所有我們出得起價錢的優質礦場。鐵路和船隻只是獲取收益的手段，礦場本身才是關鍵所在，而我們也相信不可能再有機會獲得這麼多的優質礦場。

出乎我意料之外的是，有些大型的鐵礦廠與鋼鐵製造商並不是那麼重視這些礦場，在我們有意買下這些優質礦場前，他們原本能用十分便宜的價格買進許多蘊藏最優質礦產的礦區。我們投身進入這個產業，便決定要利用最新且最有效的開採設備與運送工具供應礦石給每一位需要的客戶，並且等到獲利後再提撥款項買進更多的礦場。

蓋茲先生身兼數家公司的總裁，這些公司大都是擁有礦山與連接湖區以便運送礦石的鐵路，因此他開始學習並發展採礦業和運輸業。事實證明，他不只是一位聰明的學者，還真正精通商業的複雜多變。他包辦所有的工作，僅在有需要時會徵詢我的意見；不過我仍記得幾次解決難題的有趣經歷。

造船

在我們解決鐵路問題後，顯然還需要準備運輸礦石到湖區的船隻。我們對於如何製造運輸礦石的船隻完全是門外漢，於是決定依照老規矩，向業界公認最具權威的大老求助。其實我們對這個人相當熟悉，對方也從事礦石運輸，而且事業規模龐大。直到我們開始要用船隻運輸礦石的這一刻，才意識到雙方就要成為競爭對手了。某天晚餐前，蓋茲先生聯絡上這位專家，兩人一起造訪我位於紐約的家。對方表示只能停留幾分鐘。不過，我告訴對方，我想我們大概只需要十分鐘就能談妥。一切也正如預料。就我的印象所及，這是我唯一一次與礦石公司的人會面。誠如我先前所言，所有會議都是由蓋茲先生代表出席，他看起來對這項工作樂在其中，而且又有充足的經驗。

我們對這位先生解釋，我們打算自行運送蘇必略湖區的礦石，想要委請他為我們打造數艘最大型且最精良的船隻，因為我們成功與否全然仰賴於這些具備極高效率的船隻。那時候最大的船隻載重量約為五千噸，但是當我們在一九〇〇年出售船隻時，我們擁有的船隻載重量已經達到七千噸或八千噸，如今更是高達一萬噸以上。

這位專家自然回覆我們，因為他也從事礦石運送，並不樂見我們進入這一行。我們解釋是由於已經投入大筆資金，為了保護自身利益，掌控自有的湖泊運送工具，才決定自行開採、運送並銷售礦石；而我們之所以會找上他，是因為他能為我們規劃與監造最精良的船隻，因此我們才想要與他合作；雖然他是我們最大的競爭者之一，但是我們知道他既誠實又正直，我們亟欲與他合作。

僱用競爭對手

他還是敬謝不敏，但是我們仍試圖說服，表示沒有什麼可以阻礙我們進入這一行，如果他應允為我們監造船隻，我們願意支付讓他滿意的酬勞。我們還解釋，其實已經有人將為我們包辦這個工作，而他也可以成為下一位獲利者。最後這番話似乎真的打動他，而後雙方就簽訂彼此都滿意的協議。這位先生就是來自克里夫蘭的山謬・馬瑟（Samuel Mather）先生。他只在我家停留幾分鐘，但是我們在這段期間內就開出一張三百萬美元（約當現今七千二百萬美元）的造船訂單。這是我與他唯一一次的會面，但馬瑟先生擁有極高的商業信譽，雖然他是競爭對手之一，我們仍毫無保留地信任他，從未因此感到後悔。

當時在五大湖區周遭就有九家或十家的造船廠，各自坐落於不同的據點。它們各自獨立，但是彼此激烈競爭。對它們來說，時局相當艱困，因為經歷一八九三年的大恐慌後，它們都還沒恢復元氣，因此無法全面投入生產。時值秋季，許多造船廠的員工都將面臨嚴冬。我們在思考應該製造幾艘船隻時也將這一點納入考量，因此決定只要造船廠有能耐製造幾艘船，我們就會全部買下，為五大湖區的閒置人力提供工作機會。於是我們通知馬瑟先生去函每一家造船廠，請對方確認在隔年春天航期展開時能製造完成多少艘船隻。他發現有些造船廠只能製造一艘，有些則是兩艘，全部加起來是十二艘。據此，我們請馬瑟先生就監造十二艘船隻，全為純鋼打造、製造成可航行於五大湖區的最大承載量。有些打造成汽船，有些則是用來牽引的隨航船隻，但是所有船隻的設計樣式大致相同，後來還走紅五大湖區，成為最佳的礦石水上運輸工具。

當然，這一紙訂單也讓馬瑟先生承擔要支付高價的風險，因為如果他提前宣布準備製造十二艘船隻，並開放各家公司投標的話，就會出現這種情況。我直到很久以後才知道他究竟如何處理這筆生意，雖然如今這起事件已是五大湖區的舊聞，但對許多人來說或許還很新鮮，因此我就在此說明。馬瑟先生對於要製造的船隻數量保密，只發送一模一樣的計畫書與船隻規格給每家造船廠，並且要求造船廠依據各自的產能投標一艘或兩艘船隻。於是，所有造船廠自然都假設馬瑟先生頂多只打算製造兩艘船隻，因此每家造船廠都迫切地想爭取到至少一艘船隻的訂單。

正式簽約的前一天，所有投標者都應馬瑟先生之邀來到克里夫蘭。他們一一被帶進馬瑟先生的私人辦公室開一場特別會議，討論最終投標前的所有細節準備。投標人也在指定的時間進入辦公室。所有投標者都很想知道誰是最後獨得大獎的幸運兒。馬瑟先生的態度讓每個人都覺得自己是最受青睞的競標者，但是當每個人走出馬瑟先生的辦公室時，在飯店大廳看到其他的競爭對手也都春風滿面、一臉心滿意足的神情，讓所有人的心都七上八下。

關鍵時刻終於來到，幾乎所有投標者都在同一時刻收到馬瑟先生的一紙通知函，恭賀競標成功，雙方將會簽訂讓單一工廠得以發揮最大產能的合約。大家都喜不自勝地衝向之前會面交流的飯店大廳，一心想要炫耀自己手上的通知函，並且打算慰問失利的競爭對手，才赫然發現每個人都拿到符合自己產能的合約。實際上，他們的競爭對手就只有自己。當他們碰面並比較手中的通知函時便相視大笑，這一刻的歡喜之情大於懊惱，所有人也都快樂而心滿意足。但是，容我順道一提，由於之後整併成為一家公司，這些和藹可親的先生們成為同一家公司的同事，各自都在十分滿意的職位上任職，而且後來我們購買船隻的價格也更統一了。

從未出海的船務經理

隨著船隻陸續開始製造，我們也正式開始礦業的第一步。但是我們也明瞭必須妥善安排船隻運作的問題，於是再次求助競爭對手馬瑟先生，希望他能幫我們留意一下。不幸的是，由於馬瑟先生還有要負責處理的事務，因此分身乏術。在這件事情發生不久後，某天我問蓋茲先生：

「我們要怎麼樣才能找到好手協助我們管理訂製的船隻？你知道有哪一家公司的經驗比較豐富嗎？」

「我不清楚，」蓋茲先生表示：「現在我根本不知道有什麼公司可以推薦，不過，由我們自己管理如何？」

「你不懂船業，不是嗎？」

「這倒是，」他坦承道：「不過，我想到一個相信可以勝任的人選。雖然我擔心你可能會覺得他不是最符合資格的人選，但是他卻具備這項工作的基本特質。他不在這一行，一輩子沒坐過船，所以可能分不清船頭、船尾，也搞不懂海錨與通風帽，但是他具備極佳的判斷力，而且誠實、有事業心、敏銳又節儉；他還擁有能快速掌握新事物的天分，就算工作本身困難也依然如此。這批船隻還要等幾個月才會完工，如果我們現在就僱用他，只要船隻製造完成，他可能就準備好能安排船隻運作了。」

「很好，」我說：「這份工作就是他的了。」而我們也這麼做了。

這個人選便是來自紐約布魯姆郡（Broome County）的鮑爾斯先生

（L. M. Bowers）。在我們僱用他之後，他就前往五大湖區的造船廠一一實地考察、仔細研究，很快就對製造工程提出極具價值的建議，還獲得設計師認可與採納。當這批船隻完工，從它們下水的那一刻起，他就負責統轄，他的技術與能力同時也贏得五大湖區所有船員的推崇。他甚至發明一種錨，率先使用在我們的船隊上，而後其他的船隊也陸續採用，我聽說就連美國海軍也都使用了。他堅守崗位，直到我們出售這塊業務為止。在我們退出五大湖區的運輸行列後，又指派鮑爾斯先生完成各項艱巨任務，每次他都是使命必達。後來，由於家人出現健康問題，他因此移居科羅拉多州。如今，他已是科羅拉多州燃料與鋼鐵公司（Colorado Fuel and Iron Company）裡精力充沛、效率高超的副總裁。

大型船隻與鐵路讓我們坐擁最得天獨厚的設施，因此公司從一開始就非常成功。我們推展大量貿易、開採礦石，運送鐵礦到克里夫蘭與其他湖港；我們持續製造並發展，直到最後船隊共擁有五十六艘大型鋼鐵船隻。這家企業就和其他許多我有興趣的重要產業一樣，我並沒有投注太多的心神，都要歸功於有幸能延攬這麼多積極、稱職又完全可靠的代表，他們勇於承擔大部分的管理責任。我甚感欣慰，而且對這些與我合作的優秀商人有十足的信心，他們也充分證明了自己的才幹。

出售礦業

礦業呈現一片蒸蒸日上的景況，直到美國鋼鐵公司（United States Steel Corporation）成立為止。對方派遣一位代表前來與我們洽談購買土地、礦場及船隊，而我們的生意正進展順遂，因此沒有出售的壓力，但是這家新公司的創辦人卻覺得我們的礦山、鐵路及船隻是該公司成長大計中必要的部分，於是我們告知對方樂意促成這項宏圖大業的成功。我想當時他們已經與安德魯·卡內基〔Andrew Carnegie。譯注：為美國白手起家而致富的代表，一手創立卡內基鋼鐵公司（Carnegie Steel Company），素有「鋼鐵大王」之稱〕先生談妥一些資產出售事宜。經過多次談判後，他們提出一個我們接受的價位，我們所有的工廠，包括礦山、鐵路及船隻等設施，此後都納入美國鋼鐵公司旗下。我們認為如果將這些產業現在的價值與未來增值的可能性納入考量，對方的出價是非常適中的。

許多年來，這筆交易讓美國鋼鐵公司獲利頗豐，由於支付給我們的大多數是該公司的證券，因此我們連帶地有機會從中獲利。就這樣，我在七年後徹底離開開採、運輸及交易鐵礦的產業。

遵從商業準則

當我回顧那段投入礦業的經歷，當時這一行看似毫無成長性，不誇張地說是有點前途黯淡。不過，我卻再次深刻體會到自己經常提到的商業準則的重要性。如果我能讓那些耐心閱讀這本回憶錄的年輕人，在看到這裡時明白我所強調的這個觀點，我便心滿意足了，並且很希望能對他有所幫助。

在商業事務中獲致成功的基本必備要素，便是遵循行之有年的一流商業法則。要訂定明確方向，並且研究以確認它們是正確的道路；留意商業經營的本質，並遵循業界的遊戲規則；不要妄想獲取短暫或顯而易見的優勢；除非你很滿足於生活中的小小成功，否則不要把你的努力浪費在最終只能取得微小勝利的事物上；你在投入一項事業之前，務必要看清楚通往成功終點的方向，並且向前看。令人跌破眼鏡的是，很多明智的商人在投入某個重大事業前，對於他們所要承擔的風險的可控制條件，卻往往只有少數的研究或根本未曾做功課。

辛勤研究你的資金需求；強化應付可能打擊的能力，因為你絕對可能會不時遭遇挫折；確保自己勇於面對現實，任何時候都不要自我欺騙；只是一味抱持要有錢念頭的人不會成功，你必須具備更大的雄心壯志；要在事業上成功並不神祕，偉大的產業領袖再三告誡一個簡單明瞭的事實，就是缺乏公正行為會導致人們普遍只信任自己，也就無法獲得永久成功，這才是我們重視並願意努力的真實資本。如果你圓滿達成每天的任務，如實遵守我耳提面命的這些商業法則，並保持頭腦清醒，你就會成功。而後也許你才會原諒我這一番過時的說教。能夠認真閱讀這一本書的年輕人，應該不至於會被一丁點的成功沖昏頭，也不會因為小小的挫敗就失去耐心或垂頭喪氣，幾手沒必要再告誡了。

經濟大恐慌的經歷

一八九〇年代初期，我便萌生退出商業界的念頭。我非常年輕就開始工作，覺得到了五十歲是該讓自己從全心投入的商務中脫身，保有自由，並且投入多種興趣之中，而非只是汲汲營營於賺錢。自從我開始經商，賺錢就一直是生活中的一部分。但是，一八九一年和一八九二年的經濟形勢十分險峻。一八九三年，風暴來襲，誠如先前所述，我的眾多投資都需要關照，這一年和往後一年是試煉期，每個人都深陷焦慮，在這樣的關鍵時刻，沒有人可以退休。縱然在經濟大恐慌的這幾年裡，由於標準石油公司遵行保守的財務管理，手上握有大筆現金，因此得以持續成長。在一八九四年或一八九五年，我終於能實現從公司事務的實際管理中脫身的計畫。正如我先前所說的，從那個時候開始，我幾乎就不再插手公司的經營了。

我記得自從一八五七年以來所有歷經的經濟大恐慌時期，但是我相信，一九〇七年那場經濟大恐慌卻是最大的考驗。大型或小型企業全部受到波及，無一倖免。一些重要機構必須獲得支持，才得以度過猜忌與失去理性的恐懼。此時有賴於約翰．皮爾朋．摩根（John Pierpont Morgan）先生真誠而有力地協助，讓我與其他商人得以一起合作，我在此獻上大力讚揚。他的高尚品格深孚眾望；他行事迅速而果斷，當時局最需要快速與決心以重拾各方信心時，他一夫當關，帶領這個國家許多有能力的金融界領袖勇敢而有效地合作，重建信心與繁榮。曾有人問我：是否能快速從一九〇七年十月的經濟大恐慌中復元，當時我並不願就這個話題發表任何看法，因為我不是預言家，也不是先知之子；最後的結果當然不用懷疑。這個短暫的挫折將促使企業經營者採取更謹慎的措施與保守的管理，這正是我們需要的特質。大蕭條並不會長期壓抑我們積極開創的天性，金融風暴也並未減損或摧毀這個國家的資源。全美的經濟逐漸復甦，只會讓未來的基礎更鞏固，而不論是商務或其他事項，耐心都是一種美德。

我在此想再次苦口婆心地提醒各位商人，務必坦誠研究自己的狀況，然後面對事實。如果方法過當，就要清楚認清事實，然後據此改正。違反自然法則就不會成功，忽略自然法則而失敗則是愚不可及。對於美國人這個思維敏捷、想像力豐富的民族來說，直接面對簡單、嚴酷的事實並非易事，但是我們仍然應該保持自尊地行遍世界。

第六章 贈予的高明藝術

無庸置疑地，無論什麼時候針對贈予的樂趣，以及對他人承擔責任這些話題作文章，都很容易寫成長篇的空泛言論，內容充斥著代代相傳、由語言所堆砌而成的陳腔濫調與空洞字眼。

就這個宏大的話題而言，許多有天賦的作家都了無新意，我也不敢奢望能成功提出新穎的說法。但是我承認，和談論自己長年從事的商業與貿易領域相比，此時我對這個話題更有興趣。然而，一般來說，最困難之處在於詳述慈善活動十分實用與務實的一面，人們經常會忽視，或者說至少是無法全然領悟源於內心的贈予精神。當然，這種精神才是最有價值的。

如今我們已經來到可以要求全美最具能力的人士為大眾的福利事業奉獻出更多時間、想法及金錢的時代，我不敢冒昧地精確定義這些慈善工作應該涵蓋哪些內容。每個人都在為了自己做善事，因此可以自由選擇想做些什麼。我想沒有哪些慈善計畫是要被歸類為格局狹隘的，或是用有成見的眼光來劃分，它們同樣都是最好的。

我確定，「擁有大筆財富必定會帶來幸福」的假設是大錯特錯。超級富豪也與常人無異，如果他們能從擁有金錢這件事得到快樂，應該是來自他們有能力讓旁人感到滿足。

富人的限制

曾經有些自稱為過來人的人對我說，單純花錢追求物質享受的快感過不了多久就會失去吸引力。這種有能力購買自己想要的東西所帶來的新奇經驗很快就會消退，因為其實人類大多數追求的事物是用金錢買不到的。我們常在報紙上看到，這些富豪並不會因為一擲千金就換來內心的愉悅；若少了強健的消化系統，滿桌珍饈佳餚也一樣無福消受；花大錢為自己與家人治裝，卻逃不過被大眾嘲笑；他們的生活條件雖然遠比庶民來得優渥，但是內心感受到的痛苦卻多於快樂。當我在研究富豪時，發現只有一種花錢方式能帶來相等的回報，就是培養贈予的喜好，並投入在金錢可以造福社會的公益活動中，這樣才能得到源源不絕的滿足感。

商業人士通常會合理認為，他已經善盡本分地創立一份事業，為一部分的人提供穩定工作；他也為了員工營造穩定的工作環境、全新機會及強大的工作動力。在老闆的心中認為只要關注員工的福利，自行其是就好，其實根本沒人會敬重這樣的老闆；認為好企業的要件就是按時發放薪水，其實是最狹隘的觀點，也是我認為最差勁的。

最出色的慈善事業

最出色的慈善事業代表要做最多的好事、做最少的壞事；幫助滋養人類文明真正的根源，大幅散播健康、公正及幸福，這並不是一般人說得善舉，在我看來這是投入心力、時間或金錢，包括為員工提供豐富薪資的能力、拓展與開發手邊資源的能力，以及為身心健康的員工提供前所未有的進步機會。不只是單純給錢就可以比得上的，如此才能帶來持續而有益的結果。

我常常在想，如果這個說法是正確的，慈善的領域不曉得會有多麼寬廣！有人極力主張，日常職業是一回事，慈善工作又是另一回事。我不贊同這種見解，因為只有星期天才有空大發慈悲的人，難以成為這個國家公益團體的支柱。

請原諒我老是提起這些事務繁忙的商人，因為他們的協助是慈善事業最需要的。我認識一些貫徹發展宏大計畫的人，不是將之視為一時半刻的任務，而是當作長遠的責任。這些人接辦前途未卜的企業、承擔巨大的風險，並且迎戰強烈質疑，最終帶領企業邁向成功，他們之所以會這樣做並不是出於個人私利，而是源於想要推動人類發展的高尚情操。

無私奉獻是邁向成功之路

如果有人請我為那些展開新生活的年輕人提供建言，我應該會這麼對他說：如果你打算獲取恢弘無私的成就，無論你是員工或獨立生產者，千萬不要抱持著不擇手段獲取利益的想法展開事業。當你選擇職業或事業時，首先要思考的是：在這個世界上，什麼樣的工作才適合我，能讓我發揮最大的效率？在哪裡工作可以讓我最有效率，促進公眾利益？一旦你抱持這樣的精神進入社會，並藉此選擇自己的職業，你就是在邁向偉大成功的道路上踏出重要一步。調查顯示，在美國及世界上的其他國家，富甲一方的人通常都是那些對國家的經濟發展有巨大貢獻且影響深遠的人；他們完全信任國家的未來，所以會盡力開發資源。而為全世界付出最大貢獻的這些人就是最成功的人。大眾需要的企業將茁壯發展，而大眾不需要的企業就注定會失敗，也應當失敗。

另一方面，這類企業慈善家最該提防的事就是要避免在現有產業投入時間、心力或金錢等不必要的重複投資。他可能會認為，把所有金錢耗費在促進毫無必要的競爭上無疑是一種浪費，甚至還會更糟。如果已經有一家工廠提供價格低廉的產品，能滿足大眾的消費需求，再興建第二家同類型的工廠就是在浪費國家資源，還會破壞國家的經濟繁榮、搶走勞工飯碗，並帶給全世界不必要的悲痛與苦難。

或許美國人民邁向進步和幸福的唯一最大阻礙就在於，有這麼多人願意將時間與金錢投入競爭激烈的產業，而非開創新領域，也不把錢挹注在社會所需的產業和開發裡。唯有想法求新求變才能發掘、支持或開發全新產業，而不是只會追隨前人的成功之路。如今我們的國家仍在快速發展，大有良機。如果只是自私自利，不對人類進步或謀求全體人類福祉有所貢獻，個人終將面臨失敗的下場。令人遺憾的是，當他自己沉淪時，他的失敗也會連累其他無辜者受苦受難。

服務社會的慷慨度量

或許全世界最慷慨的人反而是極度貧困的人，危機頻繁地到來，他們卻肯為了彼此挑起重擔。住在廉價出租公寓的母親生病了，隔壁鄰居會幫她分擔重擔；父親失業了，鄰居會從自己所剩不多的食物中分一些給他的小孩。我們也對於窮人收留已故友人的孤兒，並撫養他們長大成人的案例時有所聞，而他們的善舉無疑是為自己增添更多負擔！這種雪中送炭的真情也讓超級富豪送出的昂貴禮物都相形失色。數百年來，猶太人固守著一條戒律，就是每個人都應該把十分之一的財產奉獻給慈善事業。然而，這條戒律的標準幾乎只是不切實際的目標，因為對一些人而言，要贈予十分之一的收入根本無法做到，但是對另一些人來說卻只是九牛一毛。只要秉持著贈予精神，金額大小其實並不重要。贈予的精神才是最有價值的，即使窮光蛋也能貢獻一己之力，不用覺得不好意思。但是，我恐怕又在說一些不痛不癢的話了。

我的童年教育十分古板而嚴格，然而至今我卻對一項常見的慣例心懷感激，就是教育年輕人要有系統地捐贈自己賺的錢。讓子女及早意識到自己對他人懷有責任是一件好事，但是我也必須承認這越來越難做到了，因為許多以前被視為奢侈品的產品，如今已變得稀鬆平常。為了好事而捐贈金錢所帶來的樂趣和滿足，應該遠遠超過賺錢本身，我總是一心盼望這一生能協助建立有效率的贈予制度，以便讓這些財富為目前與未來世代發揮更大的作用。

或許這正是贈予金錢和提供服務的不同之處。有時候窮人與鄰人可能正好家門不幸，面臨災厄，如果捐款者想要發揮善款的價值，就必須先行研究狀況，並且務必協助因應並改善根本的問題。如果受捐贈者並未承受生活壓力的磨難，就應該更能從更科學的立場來探討問題；不過，最終的分析結果是相同的：倘若不研究善款本身以外的運作，讓每一分錢都花在刀口上，光是捐錢的效果非常有限。

由品德崇高、無私奉獻的人才管理大醫院的成效出眾；但是，取得醫學研究成果的重要性也不遑多讓，藉此得以揭露出關於疾病至今仍不為人知的部分，提供治療方法，並藉此減輕無數病患的痛苦，甚至根除疾病。

幫助生病與窮困者總是會讓人引發出惻隱之心，但是醫學研究人員努力針對疾病與痛苦的根源，而成功地對症下藥，卻很不容易爭取到捐款。因為前者會強烈引發人們心中的憐憫，但是後者卻要動腦筋說服別人才能做到。不過，我確定我們在爭取科學研究資助領域大有斬獲，世界各地在處理慈善事業的問題時，顯然都不受情感衝動所左右，而那些獻身實務工作並承擔科學任務的勇者所獲得的資助也將會越來越多。有時候想想英雄主義也是激勵人心的好做法，例如：那些冒著生命危險研究黃熱病（譯注：是經由蚊子為媒介來傳染的急性病毒感染疾病，發病時間短，但病情變化大，嚴重時致死率可高達五〇％）的人，後世會對他們犧牲奉獻的精神永誌不忘，而同樣的精神也鼓舞著醫療與外科界。

科學研究

這種犧牲奉獻的精神可以發揮到什麼程度？每年都有許多的科學研究人員放棄一切，投入科學研究，為人類的知識貢獻綿薄之力。我有時候會想，有些人動不動就大肆批評科學研究人員的作為，他們從未考慮過這些指責所代表的意義。只會安逸地站在一旁毫無作為、出言譏諷，與投入工作並歷盡艱辛，從而贏得發表強力結論的權力，是完全不同的兩件事。

就我自己而言，我一直站在冷靜的旁觀者立場，甚至不太敢對於在那些專業上比我更有經驗與才智的人提出淺見，即使是那些曾有幸參與的計畫，我也不敢隨便對他們說三道四。

很多人大肆抨擊以活體動物進行實驗，他們站在捍衛動物的立場，懇切真誠地呼籲人們相信用活體動物實驗毫無用處，這類壓倒性的情感訴求也顯示出其他面向的爭論。洛克斐勒醫學研究所（Rockefeller Institute for Medical Research）的西蒙・費萊斯納（Simon Flexner）博士因而必須出面處理這些言過其實，甚至危言聳聽的報導，這些報導根本就是子虛烏有。不過，我們先看看最近在費萊斯納博士帶領下成功研發出治療流行性腦脊髓膜炎的方法。就我所知，他們為了找出這一套療法，大約犧牲了十五隻動物，大多數是猴子；但是，這些失去生命的動物卻能拯救眾多人類的生命。費萊斯納博士和他的同事都是大公無私的專業人士，並不會容許這些實驗的動物承受不必要的痛苦。

我曾深受一則採取危急實驗拯救一名嬰兒生命的故事所感動，這是一位同事在事發後不久寫信告訴我的，而這則故事值得在此重述。艾力克斯．卡雷爾（Alexis Carrel）博士是費萊斯納博士的同事，豐富的實驗與臨床經驗讓他練就一身精深醫術。

一次傑出的外科手術

「艾力克斯．卡雷爾博士是醫學研究所裡的同事之一，他一直在進行一些有趣的外科手術研究實驗，並且成功完成動物之間的器官移植，以及不同物種間的血管移植。他最近有機會將這種技術應用在人體上，因此挽救一名嬰兒的生命。這次手術引發本市醫學界極大的興趣。紐約有一位知名的年輕外科醫生在去年三月喜獲麟兒，但是出於某些不知名的原因，嬰兒的血液會從血管中滲入身體組織，通常最後會死於內出血。當嬰兒出生五天後，死亡的徵兆已經明顯浮現。嬰兒父親的兄弟是同行中最知名的專家之一，於是他、嬰兒的父親就與一、兩位醫生共同會診，但是卻對這個狀況束手無策。

「正好嬰兒的父親對卡雷爾博士在醫學研究所內進行的實驗印象深刻，曾花費數天盡心研究。他開始相信唯一可能挽救嬰兒生命的辦法就是直接輸血。但是，當時這種手術只有用在成年人的身上，嬰兒的血管太細，手術似乎不可能成功，因為在手術過程中不但要連接兩個人的血管，光滑平坦的血管內壁也必須銜接。一旦血液和血管的肌肉層接觸，就會凝結而使血液循環受阻。

「所幸，卡雷爾博士曾在一些非常幼小的動物血管上做過這個實驗，因此嬰兒的父親相信，如果全美真的有人能成功動這個手術，這個人選無疑是卡雷爾博士。

「當時已是午夜，但是嬰兒的父親仍聯絡卡雷爾博士，並向他解釋情況，並且清楚表示，再這樣下去嬰兒不管怎樣都無法保命，所以想請他執刀。卡雷爾博士立刻一口答應，雖然成功的機率微乎其微。

「嬰兒的父親要輸血給嬰兒，但是雙方都不能施打麻醉藥。嬰兒太小，只有一條較粗的靜脈血管可以用來輸血，而這條血管位在大腿後側很深的位置。一位傑出的外科醫生當場就找到這條血管，然後卻表示：嬰兒已經沒有生命跡象了，從任何方面看，嬰兒都已經死亡十分鐘了。他因而詢問是否還有必要嘗試。然而，嬰兒的父親卻堅持手術繼續進行，於是外科醫生找到嬰兒父親手腕靠近大拇指側下方的橈動脈，並在手臂上切開六英寸的傷口拉出血管，連接嬰兒的靜脈血管。

「後來，參與這場手術的這位外科醫生把它稱為『鐵匠的工作』。他說，嬰兒的血管只有火柴般粗細，脆弱得像沾溼的香菸捲紙，看來就像是誰都不可能成功連接這兩條血管。然而，卡雷爾博士卻完成這個不可能的任務。後來發生一個讓在場醫生都稱為外科史上最戲劇化的事件：來自嬰兒父親動脈的血液開始流進嬰兒體內，大約有一品脫（譯注：約四百七十三毫升）。第一個生命跡象是嬰兒的一隻耳朵頂端出現淡粉色，而後完全發青的嘴脣也開始變紅，接著嬰兒突然像是洗了一場辣芥末澡一般，全身變得粉紅，隨後就開始放聲大哭。大約八分鐘後兩條血管才被分開。那時嬰兒開始哭著要吃奶。等他被餵飽後就開始正常吃飯、睡覺，並且完全復元。

「這位父親出席在阿巴尼（Albany）舉行的立法委員會會議，反對在上一次會議中懸而未決的限制動物實驗法案。他當眾講述這則故事，還說當他看到卡雷爾博士的實驗時，從未想過這些實驗這麼快就能用來拯救人類的生命，更沒想到第一個拯救的對象會是自己的孩子。」

助人的基本原則

如果能教會每個人自助，我們就等於是破除世界上許多罪惡的根源。這是基本的原則，雖然很多人聽到耳朵長繭卻依舊視若無睹，但我還是認為值得重提這個話題。

能持續為個人帶來好處的唯一事物就是發自內心地為自己做的事。不用努力就能得到的財富通常不是福氣，而是晦氣。那正是我們反對投機的主要原因——並非因為通常失去的會多於獲得，而是因為投機獲利的人一旦成功，得到的傷害通常會比失敗還多。同理，也可以適用在金錢或其他物質的贈予，接受贈予的人只有在一種情況下才能真正受益，就是唯有幫助他們自助，他們才能得到永久的福份。

研究疾病問題的專家告訴我們，有越來越多的跡象顯示，戰勝疾病的力量就存在自己的體內，唯有這些抗體比正常水準來得低時，疾病才有立足之處。因此，抵抗疾病的方法就是要強化整體身體機能，一旦疾病纏身，要對抗的方法就是協助強化體內這些天然抗體發揮作用。同理，個人生活中的失敗幾乎都源於自身的人格缺陷，身體、精神、個性、意志力或性情方面的弱點。克服這些缺陷的唯一辦法就是從內部讓自身健全，如此就可以克服種種導致失敗的成因。個人唯有自力採取行動，才能真正幫助自己進步。

我們都想要將生命的美好祝福極力嘉惠四方。許多人常常制定出粗劣的計畫，其中有一些徹底忽視人性的本質，如果它們得以推行，很可能會把我們整個文明拖入絕望的深淵。我相信，人們在經濟上的差異主要來自於個性上的差異，我們唯有更全面地幫助品格高尚的對象，才能更廣泛地分配財富。在正常情況下，身體強壯、精神健全、人品良好、意志堅定的人才不會淪落到生活匱乏的境地，但是如果個人不努力，就永遠不可能培養出優良特質。如同我之前一再強調的，別人頂多能為他做的事就是幫助他自助。

我們必須永遠記住，無論花費在幫助人類進步的金額再怎麼多，永遠都不夠。因此，發揮最大的聰明才智，盡可能把每一分錢都花在刀口上，是何等重要的事！

我必須坦白說，我相信聯合和合作的精神。浪費無異於削弱實力，基於減少浪費的原則，商業界應採取適當而公平的經營方式。我真心希望這一個原則不僅適用於商業界，最終也能適用於贈予這門藝術。它不僅是如此嚴苛的市場形勢中一股日漸發展的趨勢，對那些致力於為大多數人謀福利的人士來說，應該也是一種最具吸引力的有效方式。

一些基本原則

有人告訴我，下述的說法可能會讓本章顯得更索然無味，就連毫無經驗的作家都會極力避免犯下這些錯誤，但是請原諒我還是想要冒險一試。

如果說我是在此完整陳述畢生規劃的基本原則，大家可能願意姑且聽之。多年來，我多半是遵循大方向的原則完成所有重要工作，我相信少了這些定義明確、一以貫之的目標，慈善事業就不會有任何具建設性的進展。

我自己的想法是：獻身慈善事業時，井然有序的規畫是不可或缺的一環。

約莫在一八九〇年，我仍然依循著哪裡有需要，就會往哪裡贈予的亂槍打鳥做法。我盡可能地加以調查，採用自己摸索的方式去做，但是卻缺乏足夠的指導綱要或圖表，隨著慈善事業的日益壯大，我幾乎要精神崩潰了。後來我才被迫思考，採取如同執行商業事務的做法，組織並規劃專責部門負責處理日常事務，如此才能推動慈善事業的進展。我接下來會試著詳述我們這麼做的一些基本原則，我們從當時一直遵循至今，也希望將來能發揚光大。

或許我在書裡談論所有相關的私人事務，一點都不得體，我並不是對此不以為意——而是我在觀察時更心懷感激，因為大部分的艱難工作和想法都是由投身慈善事業的家人與同事傾力完成的。

每一位頭腦清楚的人都有一套自己的生活哲學，無論他本人是否曾意識到這一點。不管他是否曾用言詞具體表達，但是其實在他的心中總會藏著一些指導原則，左右他的生活。當然，他的理想應當是貢獻所有的心力促進人類進步，無論力量有多麼薄弱，也不管是提供金錢或服務。

當然，一個人的理想應該是要充分運用自己的財產，藉由投資與捐贈雙管齊下來推動文明進展。但問題是：什麼是文明？推動文明進展的偉大法則又是什麼？這些問題都應該認真研究。在我們的投資中，捐贈這個項目一直都被導向於我們認為能產生結果的目標。如果你進入我們的辦公室，詢問慈善委員會或投資委員會：構成文明的要素是什麼？他們可能會說，他們研究發現文明是由下述幾個要素所構成：

第一，謀生手法進步：生活物資充裕，包括食、衣、住、行這類基本需求，以及衛生、公共衛生等領域獲得改善；商業、製造業長足發展；大眾財富不斷成長等。

第二，政治與法律進步：制定出種種保障人人公正與平等權利的法律，捍衛最大程度的個人自由，並能正當且井井有條地執行所有的法律。

第三，文學與語言進步。

第四，科學與哲學進步。

第五，藝術與品味進步。

第六，道德與宗教進步。

一如他們實際上經常被問到的，如果你也出言詢問他們：覺得上述哪一個要素才是最基本的？他們可能會傾向不回答這個問題，因為這個問題全然是學術議題，而且每個要素都密切相關，因此很難論斷。然而，從歷史脈絡來看，第一個要素——謀生手法進步一般應該置於政治、文學、知識、品味及宗教進步之上。雖然謀生手法本身並非最重要的，但卻是整體文明架構的基礎，沒有它，就沒有文明。

於是，我們要盡自己所能地投資各種領域，以生產出更多元、更便宜的產品，並盡可能在全球推展更舒適的生活條件。我們做這些投資並不是希望博得美譽，我們也不曾做出犧牲，而是獲得最大也最肯定的回報。雖然我們在許多方面落後其他的國家，但是就生產便宜產品、輕鬆取得資源、普及生活用品等謀生手法來說，我們仍遠遠超前。

可能有人會問：既然大眾共同享有所有福利，為什麼大量財富仍會集中在一小部分人的手上呢？就我所見，答案是：雖然富豪掌握大筆金錢，但是他們既不會也不能完全只把財富用在自己的身上。他們的確具有合法持有大筆財產的資格，並且能掌控旗下資產的投資方針，那也只是因為他們可以不斷擴張資產的關係而已。他們的財富會藉由投資管道再度廣泛向外散播，逐漸流向勞工的口袋裡。

至今，還沒有哪一套資金處理方法會比由個人管理來得好。我們大可把錢存進國庫或各州財政部，但是我們都無法從過去的經驗中看到，任何國家或州政府的立法機構能允諾這些資金最後的支出結果會比現行方法更有效地營造福利，我們也找不到任何社會主義所建議的計畫，能允諾會比現行方法更明智地管理資金。富豪有責任合法維護資產，妥善管理這些資金，直到比他們更有能力管理國家資金的個人或團隊接手為止。

針對上述列舉的最後四個要素——政治與法律進步、語言與文學進步、科學與哲學進步、藝術與品味進步，我們認為可以藉由高等教育來極力促成，因此盡可能在國內外投入大量資金，自主興建各式各樣的教育機構，不僅盡可能廣泛傳播現有的知識，或許能更進一步地促進原創性的研究。個別學術機構能推廣的知識有限，往往只能嘉惠一小部分的人；然而，每一個新發現、每一個對外拓展人類知識領域的研究成果，都能讓所有的學術機構共用，同時，所有種族也能由此獲益。

我們的委員會持續開拓投資新領域，而非只滿足於資助那些吸引我們的事業。我們感覺到這項或那項事業之所以會吸引我們，原因並不是出於它比其他一千個計畫更有價值，只不過或許是因為其他更有價值的事業還沒來到我們的眼前，也有可能只是一些以前還不存在的個人創新計畫還沒向我們提出申請。所以，這個小小的委員會不會滿足於只將善款投入方便的管道——就是那些自動送上門來尋求幫助的機構，而疏忽其他的計畫。這個部門總是充分研究各個對於人類進步有所貢獻的領域，並從中尋找每一個我們認為最有效率的計畫，然後傾注力量幫助它成功。若是在哪一個領域還看不見任何已經立定目標的組織，委員會就會主動創辦。我希望我們仍持續開發需才若渴的全新領域，深入研究並努力拓展。

這些所謂的改進工作一直是我偌大興趣的來源，對我的一生產生重大影響。我之所以會在此提及這個話題，是因為我想再次強調一件非常重要的事：為人父者應該和子女保持親密的關係，獲得他們的信任。因為子女們會效法你的言行舉止，同時也要承擔家庭責任。家父如此教育我，所以我也盡力傳承給我的子女。多年來，我們習慣一起閱讀收到的信件、記錄必須完成的各種善行、研究有價值的資助請求，並且追蹤我們感興趣的慈善機構與慈善活動的過往紀錄和報告。

第七章

慈善信託

——贈予的合作原則價值連城

我在前一章〈贈予的高明藝術〉裡進一步闡述更有效開創慈善事業的計畫，在最後一章中將藉機說明慈善事業的合縱連橫問題。多年來，這部分一直是我的嗜好。

如果聯合做生意能有效減少浪費，並獲取更大的收益，何不試著讓聯合運作在慈善工作中發揮更大作用呢？當卡內基先生首肯擔任通才教育董事會的理事時，我覺得這件事就表明捐贈教育事業的合作理念已經向前邁出真正的一步。依我所見，他既然接任委員會理事的席位，就是表態同意通力合作資助美國教育機構的這項重大原則。

卡內基先生熱心分享自己的財富，為較為貧困的同胞謀取福利，我們每個人都喜聞樂見。我想，他獻身在第二故鄉創辦公益事業的行為也為後世樹立了典範。

卡內基先生所加入的通才教育董事會，成立目的在於採取循序漸進與較為科學的方式，針對推進並改善全美各地教育事業過程中存在的問題，提出解決方案。當然，沒有人敢打包票這個組織最後會繳出什麼成績單，但是就目前的情況來看，在理事會成員的帶領下肯定會做出一番成績。我既非理事會成員，也從未參與他們的會議，所有工作都是其他人所完成，我願意在此再次直言不諱地衷心表示：這個組織一定會成功。

我為此研究多年，因而能仔細思考在其他更寬廣的領域中有一些規模較大的慈善事業計畫，如今我們看到這些計畫正漸漸成形。值得慶幸的是，在所有最優秀的人才中，有些人總是無私奉獻，願意支持每一項大型慈善事業。我們深受幸運之神的眷顧，其中最令人滿意與感動的就是，這麼多忙碌的人都樂意從緊張的工作中撥空，為推動人類進步的事業貢獻想法和精力，而且不求回報。從醫生、牧師、律師，到各界重要人士，都奉獻出最強大與最無私的力量，試著推動我們正在從事的一些慈善計畫。

諸多例子不勝枚舉，例如：羅伯特・奧登（Robert C. Ogden）先生多年來在致力於辛苦的商業事務之餘，仍不忘抽出時間，滿懷熱情地投入教育慈善事業，充分發揮他的個人特質處理教育界的難題，特別是在改善南方的公立學校制度方面。他投入慈善工作時明智地遵循基本原則，因此一定會在未來取得成果。

所幸，我的子女和我一樣認真熱情，並且更勤奮地投身於我們已經開始進行的各項慈善工作。他們也認同我在金錢方面的觀點，也就是花錢時投入的精力與心神至少應該和賺錢時一樣多，而且錢也要花得恰當而有效率。

通才教育董事會一直在仔細研究美國高等教育機構的選址、目標、工作、資源、管理、教育理念，以及現狀和前景等。通才教育董事會每年平均花費二百萬美元（約當現今五千萬美元），以對全美各類需求與機會進行徹底的比較性研究。這個紀錄完全對外公開，因此許多教育事業的慈善捐贈者都可以取得這些公正的資訊，並且希望有更多的人能善加利用。

在美國，有很多人都願意捐款支持教育機構，但資助那些效率不彰、選址不當及多餘無用的學校其實是在浪費資源。曾有某位十分謹慎研究這個問題的人對我說，那些揮霍在不智教育專案上的資金若是能妥善利用，就可能建立一套完整的國家高等教育制度，足以滿足我們的需求。許多善心人士在捐款前，可能會先調查要資助的教育事業相關特性，而這份研究中應該包含由誰負責管理、選址與周圍其他機構提供的設施。如此周密的調查根本不可能單憑一己之力完成，因為若不是欠缺相關的精確認識，就是可能會思慮不周。然而，若是這個調查工作交給通才教育董事會執行，在成員擁有相關專業智慧、技能及情感支持，又受過訓練，能提供重要且必需服務的前提下，就可能會取得良好的成效。如今，排他性強的派系壁壘正如外界期待地迅速消弭，優秀人才正同心協力地迎擊人類進步時所面臨的重大問題。

羅馬天主教的慈善事業

我說到這裡，突然想到羅馬天主教會這個例證。根據我的經驗觀察得知，羅馬天主教會朝著這個方向發展已經取得長足進步。我驚訝地發現，一筆捐款只要交到神父與修女的手中，他們就能有效地加以利用。我十分讚賞這領域工作人員的傑出服務，但是同樣一筆捐款在羅馬天主教會的調度下，能發揮的功效卻遠遠超過其他教會。我之所以會提起這一點，只是為了點出組織原則的價值，我真心信奉這些原則。數個世紀以來，羅馬天主教會一直努力讓組織的力量更強大，這一點無須在此贅述。

我對於研究這類問題一直抱持著高度興趣。我的助理群組成一定規模的組織，有別於其他的委員會，專門負責調查我們收到的許多資助申請，它直接隸屬紐約慈善委員會的辦公室。單憑一己之力並不可能仔細調查每個計畫，我也已經多次解釋個中原因。每天，我們的辦公室都會收到幾百封信件，任誰也不可能自己一個人處理完畢。如果這麼多的申請人稍微想想就一定能明白，我個人不可能處理完所有人的申請案件。

經年累月下來，我們已經制定許多計畫，而我希望隨著年復一年不斷地累積經驗，這些計畫也能獲得改進。而如今我提起這一點，只是作為對熱心關注的人做出一些貢獻，請務必原諒我這麼坦白地表達這個想法。

處理資助申請

為了處理我的辦公室每天收到的幾百封申請信函，而特別成立一個專責部門閱讀信件並加以分類與調查。這個任務並不如一開始看起來困難。當然，這些信件的內容各不相同，來自世界各地的寄件者生活處境不一，然而，其中有五分之四都是申請個人使用的款項，除了寄信人表示將對此十分感激以外，再也沒有其他的名堂。

在其他的申請信函裡仍有一些極具價值、值得關注的案件。這些申請大致可分成以下幾種：

第一種是地方慈善團體的申請：城鎮或城市的慈善團體會向全體居民

發起明確呼籲，以及所有好鄰居也會與朋友、同鄉合作。然而，這些地方慈善團體、醫院、幼兒園等機構，除了向提供服務的當地社區募捐以外，並不應該向外發展，這個責任應該由在地人或最熟悉在地需求的人來承擔。

第二種是來自全國或國際的申請。這些申請專門針對全國富豪，因為他們的財力不僅足以資助地方慈善團體，還能幫助更多的慈善事業。有許多全國性與國際性的大型慈善組織和基督教組織，足以因應全世界所有相關慈善單位對捐款的需求；而知名富豪都會收到來自世界各地尋求個人資助的申請時，精明而有想法的捐贈者越來越傾向於選擇那些可靠的大型組織當作中介，協助他們把資金分配到不同的領域。我一向都這麼做，日復一日的經驗都一再證明這是明智之舉。

能掌握全部事實的組織最了解，應該從哪些地方著手幫忙才能發揮最大的效用，多年來我的經驗已經足以證明。例如：傳教士為了興建醫院這個特定目的而向富豪募捐，興建一座醫院需要一萬美元（約當現今二十四萬美元），募集這筆錢似乎理所當然，而這位負責募捐的傳教士隸屬於一個強大有力的教派。

假設這封申請信函被呈交給教派理事會的管理者，會發現有很多理由都足以證明在這個地點並未迫切需要興建新醫院，只要發揮一點高明的管理技巧，就可以在附近找到另一家醫院，而滿足這個傳教士的需求；而另一個地方的傳教士則可能無力興建醫院。因此，這筆捐款無疑應該用於後者。所有傳道據點的管理者都知道這些情況，但是捐款的人也許一無所知。我的意見是，捐款者最好先明智地諮詢那些掌握全面資訊的對象後再採取行動。

有一些傑出人士在考慮自身實際的責任時，會試圖列出一些理由讓自己的良心過得去，這種心理歷程非常有趣。例如：有些人會說：「我不會把錢捐給街上的乞丐，因為我不相信這麼做會有用。」我認同這種觀點，我也不相信這類乞討的行為，但這不應該是協助改善街上乞丐這類社會狀況的逃避藉口。正因為我們不會屈服於這類人的乞討行為，剛好就是我們應該參與並支持地方慈善組織的理由。這些機構能公正而人性化地對待這個階層，分辨出哪些人值得幫助，而哪些人並不值得。

其他人會說：「我不要把錢交給某個委員會，因為我聽說只有不到一半的錢會真的送到需要幫助的人手裡。」事實一再證明，這種說法並不屬實。即使這類問題確實存在，潛在的捐贈者對於協助這些組織更有效率仍是責無旁貸。任何藉口都不足以讓一個人牢牢堵住錢包，完全排除承擔社會責任的想法。

慈善機構互通有無

投入慈善事業時要留意不要重複做白工，也不必要在已經有慈善團體接手的領域再另外增加新團體；相反地，應該讓那些已經展開工作的團體得以強化並完備。但是，仍有激烈競爭與大量的工作重疊。在捐贈上最大的難題就是如何查明某個領域是否已經飽和。很多人在捐贈時只是簡單考慮捐款機構是否受到完整與妥善的管理，而沒有停下來看看他們所捐款的領域是否早已有其他機構在負責。出於這個理由，一個人不應該只考察單一機構，而是應該考察同一領域內的所有類似機構。以下就有一個例子：

有一些熱心人士計劃創辦一家孤兒院，並會交由一個最強大的教派負責管理。於是他們就展開募款活動。在所有被要求捐款的對象中，有一位人士在採取行動前總是會認真研究相關計畫的實際狀況。他詢問這個新孤兒院的一位推動者：在這個社區裡，現有的孤兒院有多少床位、效率如何、位於哪些地方，還有在這個社區還欠缺哪一種類型的孤兒院。

對方聽到這些問題後，一句話也回答不出來，於是這位捐款人決定自己著手蒐集相關資訊，來幫助這個新計畫發揮更大的成效。他調查結束後發現，在這座城市裡，已經有很多家類似的機構都在籌辦新孤兒院了，因此正有大量空床位有待補滿，並意味著這個慈善領域其實已經飽和了。這些事實顯示出這裡不必再興建一家新孤兒院，同時把這件事如實告知這個新孤兒院的籌備人員。我希望這個計畫後來被取消了，但可惜事與願違，一旦這些熱心人士想要大發善心，不管錯得有多離譜，他們也會盡情地繼續募款。

可能有人會主張，這種方式雖然很有系統，但是似乎十分冷酷，如果都按照這種方式工作，個人努力的價值就會被大幅忽略。我的論點是強調聯合共事的工作團體不應該扼殺個人的工作價值，而是要加以強化並激發。慈善事業中井然有序的聯合共事正在日漸發展，同時廣義的慈善精神更是從未如此普遍。

資助高等教育

那些自願動手解決這些問題的贈予者無疑會遭受很多批評。許多人只看到日常生活裡最急迫的需求，卻未曾意識到那些不太顯眼卻更重要的重大需求——好比高等教育的重大資助申請。無知是世界上大部分貧窮與大量犯罪的來源，所以我們需要讓教育普及。如果我們協助教育秉持著最高規格發展——無論是在哪一項領域，我們就有把握在擴大人類知識範圍方面產生最廣泛的影響力，讓被發現或啟動的新事實變成全世界共同的遺產。高等教育的重要性無庸置疑，大多數在科學、醫學、藝術、文學領域的偉大成就，都是高等教育充分發展後盛開的花朵，僅僅這些事實便足以證明。有朝一日，一些偉大的作家將會昭告世人，這些事物如何滿足所有人的需要，無論是受過教育或未受過教育、社會地位崇高或低下、窮人或富人，最終它們會讓生活更符合所有人的期望。

最出色的慈善事業在於持續探尋最終標的——追溯成因，企圖從源頭根除罪惡。我對芝加哥大學（University of Chicago）特別感興趣，因為它不僅有一所大學廣泛具備的其他課程特色，也十分關注研究工作。

威廉・哈波博士

提及這所大有可為的年輕學府，我常常會想起威廉・哈波（William R. Harper）博士。他樂在工作的熱情讓人預見芝加哥大學的宏大願景。

我的一個女兒在瓦薩爾學院（Vassar College）就讀，因此我有機會與哈波博士初次會面。每逢星期天，院長詹姆斯・泰勒（James M. Taylor）博士都會邀請他到瓦薩爾學院開辦講座。我週末經常到那裡，因而有幸見到這位畢業於耶魯大學（University of Yale）的年輕教授，並有機會與他交談，因而在某種程度上感染到他對工作的熱情。

芝加哥大學成立後，哈波博士擔任第一任校長。我們充滿雄心壯志地想要延攬最優秀的講師，創辦一所不被傳統拘束、根據最現代化教育理念的新機構。他向芝加哥與中西部地區的居民募捐數百萬美元，並且獲得當地一些有力人士的支持。他展現自己的過人之處，因為他不僅獲得對方的金錢資助，還得到忠實的支持和強烈的關注——這是一種最棒的協助與合作。他建立的成就遠遠超過原本的預想。他在大學教育中體現的崇高理想，喚醒整個中西部地區對高等教育深厚的興趣，並且帶動個人、教派、立法機構採取有效的行動，推動高等教育得以進展。現在的人們或許並不了解，今天中西部各州輝煌的大學教育體系都應該間接歸功於當年哈波博士的才幹。

哈波博士不管是在工作能力、執行及組織能力上都出色卓絕，還具有強烈的個人魅力。他與妻子偶爾會在大學工作的煩憂和責任之餘稍做休息，與我們一同體驗富足而愉快的家居生活。身為他的友人與同伴，沒有什麼在日常生活中和他往來更讓人開心了。

我很幸運能在哈波博士擔任校長的不同時期捐助芝加哥大學。然而，報紙總是意有所指地影射哈波博士經常利用我們的私交換取這些捐款。插畫家用這個題材畫出許多作品：在有些插畫中，哈波博士成為一位喃喃唸著神奇咒語的催眠大師；或是呈現出我正在辦公室裡忙著剪下報紙的優惠券，一看到他闖進來，就立刻丟下手上的工作，從窗戶倉皇逃走；或是我站在一塊浮冰上順著河流逃走，哈波博士卻還在後面緊追不捨；或是哈波博士就像俄國故事中的野狼一樣緊緊跟在我的身後，我無法抵達躲避的鄉間小屋，只好不時扔下一張百萬美元鈔票分散他的注意力，而他則會不時停下來撿拾。

這些插畫很有趣，其中有一些確實還帶有幽默的意味，但是哈波博士可能完全笑不出來。事實上，這些插畫極盡羞辱他之能事，而我確定如果他還健在，一定很樂意聽到我現在這麼說：哈波博士在擔任芝加哥大學校長的任期內，從未寫信或開口為芝加哥大學向我個人要過一美元。即使在他和我家日常往來最密切時，雙方也從未遊說或討論芝加哥大學的財務事宜。

捐助芝加哥大學的流程和其他捐贈專案如出一轍：由大學裡專門負責財務預算和監督的人員提出書面申請，負責相關事宜的委員會與校長則會在每年的固定時間和我們的慈善部門開會討論資金需求。雙方通常能達成完全一致的意見，至今我還沒有機會認真地提出什麼反對意見，根本就沒有私下面談或個人請託。我一向樂意捐贈，但那是因為芝加哥大學位處美國這個偉大帝國的中心，深獲當地居民的喜愛和關注；它從事偉大且必需的工作——它能夠吸引東部與西部地區捐助善款，並證明這些善款能得到正當使用；並非私下會面和慷慨激昂的懇求，而是因為學校本身就具備的價值，才應當吸引並獲取慈善捐款。

很多人總是一再要求與我私下面談，因為他們認為這是最有希望獲得資助的辦法，或者至少是一種管用的手段。這種想法其實大錯特錯，我們的實務做法是一律要求申請者提出簡明扼要的書面資料，但是千萬不要充分陳述他們認為這項事業有多麼必要。我們會派出非常能幹的人評估申請資料、精挑細選，如果我們的助理群發現值得安排私人會面，隨後就會邀請申請人親赴辦公室詳談。

出自我們個別員工所提出的書面報告，要先經過必要的調查、諮詢及比較的準則，才會修訂成最終版本的報告，然後才送到我的手上。

因此，不可能會有其他的方式可以左右這個部門。我們的規定要求所有申請人都要呈交書面報告，絕非一定會提供面談機會，並不是如某些申請者片面認定這意味著斷然的拒絕。但為了仔細考量這類情況，如果書面報告夠好，認真考慮就是我們的職責所在，光靠一場面談並不可能通盤考量整體的情況。

有條件贈予的原因

捐贈金錢很容易造成傷害；捐款給一些原本可以獲得其他人贊助的機構，也不是最明智的慈善之舉，反而只會使慈善的天然泉源乾枯。

每一家慈善機構都應該需要盡可能多找出大量可能的捐贈者，這一點相當重要，這也意味著該機構應該持續對外勸募。但是，如果這些鍥而不捨的嘗試確實獲得成功，該機構就必須全力以赴地繳出漂亮的成績單，滿足實際與明白的需求；而且這還攸關許多人的利益，等於是提供聰明節約和無私管理的最佳保證，還能進一步地繼續獲得支持。

我們在贈予時經常會開出一些附帶條件，用意並非要強迫對方善盡義務，而是希望藉由採取這種方式為這家機構的發展奠定穩固基礎，讓盡可能多的個人成為未來的捐贈者、願意關注慈善機構的發展，並進一步提供他們正留意的好處與合作機會。附帶條件的贈予備受批評，這些言論有時候是出自那些不曾花時間把事情想清楚的人口中。

謹慎、認真及公正的批評總是彌足珍貴，所有渴望進步的人都應該竭誠歡迎。我曾飽受惡意的批評，但是說實話，並未讓我難受，也沒有對我生氣蓬勃的心靈帶來惡劣的感覺，我更沒想過要對那些與我意見不同，但是對能誠實判斷、坦誠表達意見的人表示不滿。不管悲觀主義者有多麼喧擾，我們知道這個世界正在更穩定、快速地變得更好，每當我們心情沮喪或蒙羞的時刻，只要想到這一點就足以聊表寬慰。

慈善信託

現在讓我們回頭談慈善信託這個話題，它是根據管理企業的方式來管理慈善方面而得名。這個理念想要獲得成功，就必須得到嫻熟實際商業方法的人才從旁加以協助。商業界最優秀的人才應該都會被這種美好的可能性所吸引。當這個理論最終以某種形式或是比現在所能預見的更佳形式發揮作用時，我們麾下這些卓越人士付出的努力將會顯得價值非凡！

最優秀的慈善機構應該獲得我們慷慨而充分的支持，我們應該全權交給最有才幹的人士，採用科學方法來有效管理；他們應該樂於為捐款者所捐贈的金錢嚴格把關，不只是正確籌措資金，還要明智且有效率地妥善管理資金。當今，整個慈善事業機制的管理多多少少存在欠缺計劃的狀況，很多善心人都把時間花在籌募支撐慈善機構發展的資金，卻因為欠缺或拙劣的管理方法而嚴重浪費我們最好的資源。

我們不能冒著讓工作最具效率的偉大靈魂淪為籌措資金奴隸的危險，他們最重要的任務應該是管理整個收支機制，籌錢的責任則應交由商人一肩挑起。教師、工人、備受鼓舞的領導者應該從急迫的財務瑣事中脫身，因為他們有更恢弘的事業在前方等待，不該為其他方面的煩惱而分心。

在這些慈善信託積極運作後，這類涉獵廣泛的組織一定會吸引商業界的最佳人才，一如現在強大的商業機會正在強力吸引他們。成功的商業人士是一個擁有高度信譽標準的階層，特殊的例外只能更加證明這種論斷的真實性。有時候我很想這麼說，如果我們的神職人員能更明瞭商業生活的根本，肯定會獲益匪淺。我想若神職人員和商人能更緊密結合，雙方都將受益。神職人員與所有在教會裡位居重要地位的人士，有時候會依循處理宗教事務的方式來處理，因此不時會有出人意表的決定，這是因為這些好人幾乎未曾接受世俗世界的商業訓練。

不管是在商業、教會或是科學研究領域裡，人際交往的整個體系都建立在信任的基礎之上。有能力的商人只會找童叟無欺、信守承諾的人做買賣；教會代表經常抨擊商人自私又卑鄙，但是他們卻可以欣然從商人身上學到許多重要的經驗。這兩種人若能對彼此深入了解，就會有深刻的體會。

建立慈善信託事業將有助於提高慈善事業的水準；它們將會正視事實、鼓舞並支持高效率的員工與機構，以及提高外界理解慈善事業的標準，主要是幫助所有人自助。已經有跡象顯示，這些聯合態勢正慢慢成形，而且快速逼近中。在這些信託機構的理事會裡，你終將發現許多美國精英都身處其中，他們不但懂得如何賺錢，並且勇於承擔明智管理資金的重責大任。

數年前，芝加哥大學舉行十週年校慶，我參加校方主辦的晚宴，而主辦單位邀請我在宴會上發言，因此我草草寫下大綱。

在輪到我發言時，我起身面對在座賓客——他們都是富甲一方且地位崇高的貴客——我突然發現手上的這份大綱根本毫無意義。當我一想到這些富有又極具影響力的人士將成為慈善事業的潛在力量時，便莫名感動，於是便在當下扔掉大綱，開始講述我的慈善信託計畫。

「各位貴賓，」我說道：「你們一直希望為慈善事業有所貢獻，我也知道諸位公務繁雜，千篇一律的工作讓你分身乏術。如果你覺得無心分暇研究人性的需要，但是又想先經過充分考量後再決定捐款與否，我完全能夠理解。而今，何不將你原本想要自行捐獻的善款投入慈善信託機構，來為自己與子女保管這筆財富呢？不管理財專家的人品有多好，如果欠缺經驗，你肯定不會把要留給子女的財富交給他打理；同樣地，我們捐贈給社會的錢就好比是在為家庭的未來開支而儲蓄，也應該得到審慎管理。慈善信託的理事們將會為你處理好這些事務。就讓我們成立一個基金會、一家慈善信託機構，然後聘請專業人士擔任理事，他們會把這個職務當成一生志業來管理，與我們攜手合作，正確而有效地管理慈善基金。我懇請各位現在就加入我們，別再等待了。」

我坦承自己堅定地贊同這種做法，至今依然。

國家圖書館出版品預行編目（CIP）資料

一美元開始的修練：從不浪費任何一塊錢到超過三千億美元的精采人生／約翰．戴維森．洛克斐勒（John Davison Rockefeller）著；吳慕書譯. -- 初版. -- 臺北市：商周出版：家庭傳媒城邦分公司發行，2015.03
面； 公分. --（ICON人物；BP1048）
譯自：Random reminiscences of men and events
ISBN 978-986-272-758-4（平裝）

1. 洛克斐勒（Rockefeller, John Davison, 1839-1937） 2. 企業家 3. 企業管理

490.9952　　104002118

ICON人物 BP1048

一美元開始的修練：
從不浪費任何一塊錢到超過三千億美元的精采人生

原書名／Random Reminiscences of Men and Events
作者／約翰．戴維森．洛克斐勒（John Davison Rockefeller）
譯者／吳慕書
編輯協力／蘇淑君
責任編輯／鄭凱達
企劃選書／鄭凱達
版權／黃淑敏
行銷業務／周佑潔、張倚禎

總編輯／陳美靜
總經理／彭之琬
發行人／何飛鵬
法律顧問／台英國際商務法律事務所　羅明通律師
出版／商周出版
臺北市104民生東路二段141號9樓
電話：(02) 2500-7008　傳真：(02) 2500-7759
E-mail: bwp.service @ cite.com.tw
發行／英屬蓋曼群島商家庭傳媒股份有限公司　城邦分公司
臺北市104民生東路二段141號2樓
讀者服務專線：0800-020-299　24小時傳真服務：(02) 2517-0999
讀者服務信箱E-mail: cs@cite.com.tw
劃撥帳號：19833503　戶名：英屬蓋曼群島商家庭傳媒股份有限公司城邦分公司
訂購服務／書虫股份有限公司客服專線：(02) 2500-7718；2500-7719
服務時間：週一至週五上午09:30-12:00；下午13:30-17:00
24小時傳真專線：(02) 2500-1990；2500-1991
劃撥帳號：19863813　戶名：書虫股份有限公司
E-mail: service@readingclub.com.tw
香港發行所／城邦（香港）出版集團有限公司
香港灣仔駱克道193號東超商業中心1樓
E-mail: hkcite@biznetvigator.com
電話：(852) 25086231　傳真：(852) 25789337
馬新發行所／城邦（馬新）出版集團
Cite (M) Sdn. Bhd.
41, Jalan Radin Anum, Bandar Baru Sri Petaling, 57000 Kuala Lumpur, Malaysia.
電話：(603) 9057-8822　傳真：(603) 9057-6622　E-mail: cite@cite.com.my

封面設計／黃聖文
印刷／鴻霖印刷傳媒股份有限公司
總經銷／高見文化行銷股份有限公司　新北市樹林區佳園路二段70-1號
電話：(02) 2668-9005　傳真：(02) 2668-9790　客服專線：0800-055-365

■2015年3月19日初版1刷　Printed in Taiwan

定價300元
ISBN 978-986-272-758-4